Wolfgang Immerschitt

Crossmediale Pressearbeit

Wolfgang Immerschitt

Crossmediale Pressearbeit

Unternehmensbotschaften
über klassische und neue Kanäle
gekonnt platzieren

Bibliografische Information der Deutschen Nationalbibliothek
Die Deutsche Nationalbibliothek verzeichnet diese Publikation in der
Deutschen Nationalbibliografie; detaillierte bibliografische Daten sind im Internet über
<http://dnb.d-nb.de> abrufbar.

1. Auflage 2010

Alle Rechte vorbehalten
© Gabler Verlag | Springer Fachmedien Wiesbaden GmbH 2010

Lektorat: Manuela Eckstein | Gabi Staupe

Gabler Verlag ist eine Marke von Springer Fachmedien.
Springer Fachmedien ist Teil der Fachverlagsgruppe Springer Science+Business Media.
www.gabler.de

Umschlaggestaltung: KünkelLopka Medienentwicklung, Heidelberg
Gedruckt auf säurefreiem und chlorfrei gebleichtem Papier
Printed in Germany

ISBN 978-3-8349-1748-5

▍ VORWORT ▍

Die Medienlandschaft verändert sich in den letzten Jahren dramatisch und mit ihr die Geschäftsmodelle der Verlage und TV- wie Hörfunk-Sender. Das hat Auswirkungen auf die Redaktionen und natürlich auch auf die Öffentlichkeitsarbeit der Unternehmen.

Zunächst müssen viel mehr Kanäle bespielt werden, da die Medien selbst ihre Inhalte nicht mehr eindimensional verbreiten. Vielmehr bereiten sie die Informationen in den Newsrooms für verschiedene Vertriebskanäle auf. Den Unternehmen wiederum steht selbst die Möglichkeit offen, über das Internet Inhalte zu publizieren, und zwar in Wort, Bewegtbild und Ton gleichermaßen. Unternehmensnachrichten werden nicht mehr allein über die journalistischen Gatekeeper verbreitet.

Die Pressearbeit von Unternehmen ist durch das geänderte Medienumfeld und die Onlinekommunikation komplexer, dialogischer, multimedialer und zugleich schneller geworden. Der Wandel in der Medienlandschaft zwingt die Anbieter von Inhalten auf der Seite der Wirtschaft zusätzlich zu mehr Individualität, weil es für die Medien keinen Sinn macht, genau die gleichen Inhalte zu verbreiten wie die Mitbewerber. Das bringt neue Herausforderungen für das Storytelling mit sich. Somit geht es um die Frage, wie Botschaften am besten in den Medien – zu denen auch die sozialen Plattformen, Blogs und andere Formen der Onlinekommunikation gehören – platziert werden können.

Dieses Buch stellt den vielfältigen Fächerkanon der crossmedialen Pressearbeit praxisnah dar. Es ist dem Autor ein besonderes Anliegen, anhand von Beispielen zu zeigen, was gut funktioniert und daher zur individuell abzustimmenden Nachahmung empfohlen werden kann. Breiten Raum widmet das Buch auch der Darstellung, wie klassische und neue Instrumente aufeinander abzustimmen und zu verzahnen sind. Viele Beispiele und konkrete Tipps für die tägliche Arbeit runden den Leitfaden für PR-Verantwortliche in Unternehmen und Agenturen sowie die Spitzenmanager ab.

Auf Letztere kommen neue Anforderungen zu. Sie müssen sich viel mehr noch als bisher dem Dialog stellen, vor der Kamera eine gute Figur machen und sich ihrer Gesamtverantwortung für den Auftritt ihres Unternehmens bewusst sein. Wer es schafft, Unternehmensnachrichten mit Mehrwert für die Rezipienten über möglichst viele Kanäle zu spielen, wird einen hohen Reputationsertrag erzielen. Dieses Buch soll Wegweiser zu diesem Ziel sein, das jedes Unternehmen anstreben muss, will es sich erfolgreich am Markt bewegen.

Salzburg, im Juli 2010   Dr. Wolfgang Immerschitt

Inhaltsverzeichnis

Vorwort _____ 5

Inhaltsverzeichnis _____ 7

1. Die Qual der Mittelwahl in der neuen Medienarbeit _____ 9

2. Unternehmenskommunikation in einer veränderten Medienwelt ___ 15

3. Der Globus der Unternehmenskommunikation _____ 33

  3.1 Pressemappe: Hintergrundwissen für den schnellen Überblick _____ 35

  3.2 Medienmitteilung: ihre Zeit ist bald vorbei _____ 39

  3.3 Exklusiv-Veröffentlichung: Expertenwissen als ausführliche Fachinformation _____ 60

  3.4 Newsletter: Zweitverwertung von Kundeninformationen für die Medienarbeit _____ 63

  3.5 Mediencorner: die zentrale Informationsdrehscheibe _____ 67

  3.6 Leserbriefe und Postings: Wider- und Zuspruch der Rezipienten ____ 72

  3.7 Pod- und Vodcasts: Ton und Bild machen Unternehmen anschaulich _ 75

  3.8 Mobile Kommunikation: Smartphones verbessern die Erreichbarkeit _____ 82

  3.9 Corporate Communications: eigene Printmedien als Informationskanal _____ 85

  3.10 Wikipedia: enzyklopädisches Wissen für die Allgemeinheit _____ 90

  3.11 Pressekonferenz: großer Auftritt mit sinkender Bedeutung _____ 94

  3.12 Pressegespräche: der Dialog mit Journalisten im kleineren Kreis ___ 100

  3.13 Interview: im direkten Gespräch Klarheit über Entwicklungen herstellen _____ 102

  3.14 Medienevents: wenn die Gäste zu Testimonials werden _____ 105

  3.15 Pressereisen: als Gastgeber von Journalisten _____ 111

3.16 Redaktionsbesuche: Selbsteinladung zur Informationsweitergabe ____115

3.17 Roadshows: eine Geschichte an mehreren Orten erzählt _____117

3.18 Messen: Umschlagplatz von Informationen über Produktneuheiten _ 119

4. Kulturbruch durch das neue Massenmedium Internet _____ 125

4.1 Newsroom: die Schaltzentrale der Onlinekommunikation _____ 129

4.2 Online-Communities: der Austausch auf Expertenebene_____ 136

4.3 Soziale Plattformen: Einladung an den Stammtisch im Internet _____ 139

4.4 Facebook & Co.: Freundschaften im Netz pflegen und aufbauen _____151

4.5 Twitter: mit Kurzbotschaften Kunden und Medien informieren _____ 155

4.6 Weblogs: Tagebücher mit mehr oder weniger Tiefgang _____ 163

4.7 YouTube und Flickr: (bewegte) Bilder sprechen lassen _____ 169

4.8 Onlinebewertungen: das Urteil der Verbraucher _____171

4.9 Newsportale: Multiplikatoren von Medienmitteilungen _____ 175

4.10 Online-Publikationen: Verlegen im Internet _____ 178

4.11 Evaluation und Webmonitoring:
Wissen, was medial diskutiert wird _____180

4.12 Automatisiertes Webmonitoring_____ 183

5. Den Wandel in der Unternehmenskommunikation gestalten _____ 184

Schlusswort und Danksagung_____ 189

Abbildungsverzeichnis_____193

Literaturverzeichnis _____ 195

Der Autor _____ 198

1. Die Qual der Mittelwahl in der neuen Medienarbeit

Die strategische Kommunikation von Unternehmen ist in den letzten Jahren vielfältiger, herausfordernder, komplexer geworden. Die Ansprüche der verschiedenen Dialoggruppen sind gestiegen, die klassischen Massenmedien (Print, Hörfunk, Fernsehen) haben an Zahl zugenommen und an Rezipienten verloren. Zugleich ist mit dem Internet ein neues Massenmedium entstanden, das jedes Unternehmen in die Lage versetzt, selbst zum Verleger zu werden. All das zusammen hat die Anforderungen an das unternehmerische Kommunikationsmanagement enorm erhöht.

Zu Beginn der Unternehmenskommunikation war Medienarbeit in erster Linie getrieben vom geschriebenen und gesprochenen Wort. Sie zielte auf die Wirtschafts- und Produktinformationsseiten der Printmedien ab. Dort entschieden einige wenige Gatekeeper darüber, ob ein Thema aufgegriffen wurde oder nicht. TV und Radio wurden so „nebenbei" mitgenommen, zumal diese Formate vor Jahren ohnedies der Wirtschaft kaum Sendeplatz einräumten. Früher war es mithin für den Öffentlichkeitsarbeiter eines Unternehmens damit getan, mit Presseaussendungen, -gesprächen und -konferenzen auf Du und Du zu sein. Wenn dann noch Kunden- und Presseveranstaltungen ordentlich abgewickelt wurden, war die Medienarbeit ein Erfolg.[1] Heute ist die Medienarbeit multidimensional geworden. Die Massenmedien sind immer noch die wichtigsten Multiplikatoren von Unternehmensbotschaften. Mit der Entwicklung des Internets zum Web 2.0 ist ein neuer Kanal dazugekommen, der ganz neue Möglichkeiten der Publikation eröffnet. Der Strauß an möglichen Maßnahmen in der Medienarbeit ist bunter, die Reaktionszeiten sind kürzer, der Aufwand höher und das Monitoring bedeutender geworden.

Die Verantwortlichen für die Kommunikation von Unternehmen müssen Entscheidungen treffen, um mit den vorhandenen Mitteln das optimale Ergebnis zu erzielen. Aber wofür entscheiden, wenn die zur Verfügung stehenden Möglichkeiten immer vielfältiger werden? Wenn langjährig genutzte Kanäle plötzlich an Bedeutung verlieren?

---

[1] Wenn Sie sich selbst ein Bild machen wollen, wie grundlegend sich die Medienarbeit verändert hat, nehmen Sie einfach ein Buch zur Hand, das in den Achtziger- oder Neunzigerjahren zum Thema erschienen ist. Beispiele wären etwa Joachim Bürger: Wie sage ich's der Presse. Landsberg am Lech 1986; Franco P. Rota: PR- und Medienarbeit im Unternehmen. München 1990, Franz M. Bogner: Das neue PR-Denken, Wien 1990 oder Wolfgang Reineke/Hans Eisele: Taschenbuch der Öffentlichkeitsarbeit. Heidelberg 1991. Beim Wieder-Lesen dieser einstigen Standardmonographien beschleicht einen das Gefühl, historische Abhandlungen in Händen zu halten.

Veränderungen nutzen und gestalten

Mit dem Internet hat sich die Medienarbeit massiv verändert. Viele der klassischen Maßnahmen der Medienarbeit funktionieren nur noch holprig bis gar nicht mehr. Ich behaupte, dass der Wandel seit dem Millennium nachhaltiger ist als jener im gesamten 20. Jahrhundert und dass die Entwicklung bei Weitem noch nicht abgeschlossen ist. Das Rad der Veränderung dreht sich immer schneller. Ob das von Vorteil ist, darf berechtigterweise bezweifelt werden. Mobilität und Flexibilität, Geschwindigkeit und damit Ungenauigkeit prägen die Medienarbeit unserer Zeit. „Seit den noch gar nicht so weit zurückliegenden Zeiten der Papierrolle haben sich die Quellen in einem dramatischen Ausmaß vervielfacht, und dennoch ist der Blick enger geworden, weil das Mehr nur bewältigbar ist durch extreme Fokussierung", schreibt der Fernsehjournalist Gerald Gross.[2]

Die Kommunikationsverantwortlichen der Unternehmen und deren PR-Agenturen müssen sich diesen Veränderungen stellen. So wie es nicht möglich ist, nicht zu kommunizieren, gilt auch das pragmatische Axiom, dass es nicht möglich ist, sich in der Unternehmenskommunikation den neuen Möglichkeiten der Onlinekommunikation zu verschließen. Gerade die Gestaltung des Neuen ist eine gewaltige und spannende Herausforderung. Noch nie war das Experimentierfeld so weit, das Risiko zu scheitern so groß.

Medienarbeit bleibt auf Mulitplikatoren angewiesen

Unverändert geblieben ist eine Reihe von Generationen überdauernden Erkenntnissen der Kommunikationswissenschaft. Dazu gehört, dass Medienarbeit von Unternehmen nur dann funktioniert, wenn sie den Bedürfnissen der Dialoggruppen entspricht. Auch hier wieder der Blick zurück: Medienarbeit früher war angewiesen auf die Verbreitung der Botschaft durch Journalisten. Anders war eine massenmediale Verbreitung von Unternehmensbotschaften nicht denkbar. Heute hat es jedes Unternehmen in der Hand, selbst „Verleger" zu sein. Die Verfechter der Onlinekommunikation ziehen daraus oft einen falschen Schluss. Sie wollen das Eine durch das Andere ersetzen. Das ist genauso unmöglich wie die Verweigerung. Vielmehr geht es um ein sowohl als auch.

Unternehmerische Medienarbeit wird auch in den nächsten Jahren noch sehr stark auf die wichtigsten Tageszeitungen, auf Wirtschaftsmagazine und Fachmedien fokussiert sein, für größere Unternehmen spielt auch das Fernsehen eine nicht

---

2   Gerald Gross: Wir kommunizieren uns zu Tode. Überleben im digitalen Dschungel. Wien 2008, S. 29.

unerhebliche Rolle. Professionelle Multiplikatoren auf Seiten der Medien behalten ihre Bedeutung, wenngleich ihre Rolle in mehreren Dimensionen in Frage gestellt wird.

Reichweitenverlust zwingt zu mehr Qualität

Das in der Branche meist diskutierte Phänomen ist der Verlust an Abonnenten, Käufern und Sehern. Damit verbunden sind rückläufige Einnahmen aus der Werbung. Das führt zu betriebswirtschaftlich bedingten Veränderungen. Die gravierendste Veränderung ist ein massiver Abbau von Stellen. Auch wenn es paradox klingt: Von den ausgedünnten Redaktionen wird zugleich mehr Individualität, größere Nähe zum Leser, Hörer, Seher und natürlich besonders Exklusivität in der Berichterstattung verlangt. Das funktioniert in der Wirtschaftsberichterstattung, wenn auf Seiten der Content-Lieferanten entsprechend agiert wird. Ich vertrete die These, dass alle gelernten Maßnahmen der Medienarbeit, die auf massenweise Reproduktion abzielen, rasant an Bedeutung verlieren werden.

Die individuelle Ansprache der Journalisten, Recherchehilfen im Internet, das gesprochene Wort im persönlichen bzw. telefonischen Interview sind ebenso gefragt wie Video- oder Podcasts.

Für die Medienarbeit von Unternehmen bedeutet das: Fokussieren auf die Bedürfnisse der wichtigsten Multiplikatoren und reduzieren der Alibiinformationen durch Massenprodukte. Weniger ist mehr.

Zwang zum ständigen Dialog macht Manager nervös

In der neuen Medienarbeit spielen Online-Redakteure eine wichtige Rolle, wobei das nur in zweiter Linie professionelle Journalisten sind. Kommunikation ist heute zu einem guten Teil „crowdsourced". Neben den professionellen Multiplikatoren in den Redaktionen der Massenmedien werden unternehmerische Botschaften auch von einer Masse an Bloggern, Mitgliedern von Newsgroups oder sozialen Plattformen bestimmt. Das Informationsoligopol einiger weniger Gatekeeper in den klassischen Massenmedien ist verloren gegangen.

Nichts hätte dies besser belegen können als die Ereignisse im Iran nach der offenbar manipulierten Wiederwahl Mahmoud Ahmadinedschads zum Präsidenten der Islamischen Republik Iran. Niemand war so nahe an den Ereignissen dran wie das iranische Volk selbst, das über die Ereignisse berichtete: Den klassischen Medien blieb nicht viel mehr, als auf diese Informationen zurückzugreifen. Wenn Sie es weniger politisch mögen und ein wenig schmunzeln möchten, sehen Sie sich ein Video an, das die Aufklärung eines Brandes bei einer Studentenparty zeigt. Die Brand verursachende Zigarette, die einem Feiernden hinuntergefallen ist, wird durch Dutzende gepostete Fotos und Videos identifiziert. Auch die Evakuierung des Gebäudes verabreden die jungen Leute nicht im persönlichen Gespräch. Vielmehr organisieren und dirigieren sie die Rückzugsaktion mittels Twitter.[3]

Der Verlust des Informationsoligopols macht die Dialoggruppenansprache für Unternehmen komplexer. Zumal Journalisten als auch Online-Publizierende die Erwartung haben, dass Unternehmenskommunikation per Dialog abläuft oder diesen Dialog zumindest ermöglicht. Für die Unternehmen rüttelt der Focus auf die Interaktion von Kommunikatoren und Rezipienten an gelernten Verhaltensmustern: „In der guten alten Zeit vor dem Internet glichen Unternehmen Trutzburgen. Wann die Zugbrücke hochgezogen und welche Informationen über den Wassergraben ins Land hinaus durften, entschied der Pressechef, und meist waren es streng verfasste hoheitliche Unternehmensmitteilungen. Von Zeit zu Zeit zeigte sich der CEO am Burgfenster, die Medienöffentlichkeit sah ihm aus der Ferne zu, wie er während der Bilanzpressekonferenzen vorgefertigte Statements ablas. „Man kann es bedauern, begrüßen oder (vergeblich) ignorieren: Diese Zeiten sind für immer vorbei", schreiben Hajo Neu und Jochen Breitwieser für die „Perspektive Mittelstand".[4]

Dass die öffentliche Meinungsbildung nicht mehr nach den klassischen Mustern „funktioniert", irritiert viele Manager ganz erheblich. Nur gibt es keine Alternative zur Öffnung gegenüber diesen partizipativen Kommunikationsformen, da sonst die Menschen einfach untereinander sprechen, ganz ohne das Unternehmen. „Und damit geht nicht nur die Kontrolle verloren, sondern obendrein jede Ahnung davon, welches Gerede im Umlauf ist."[5]

Crossmediales Arbeiten statt Textverliebtheit

Nicht nur der Zwang zum individuellen Dialog macht die Zukunft der Medienarbeit noch komplexer, sie wird ressourcenaufwändiger durch das Verschwimmen der Grenzen zwischen den Medien. Printmedien publizieren ihre Geschichten längst auch im Internet, die Geschichten werden zudem mit Bild und Ton unterfüttert. Umgekehrt nutzen die Fernsehanbieter das Internet, publizieren ihre besten

---

3   Zugriff unter: http://www.theonion.com/content/video/police_slog_through_40_000

4   Zugriff unter: http://www.perspektive-mittelstand.de/Das-Ende-der-PR-Unternehmenskommunikation
     -20-die-neue-Offenheit/management-wissen/2699.html

5   Norbert Schulz-Bruhdoel/Michael Bechtel: Medienarbeit 2.0. Cross-Media-Lösungen. Das Praxisbuch
     für PR und Journalismus von morgen. Frankfurt am Main 2009, S. 14.

Unternehmen müssen ihre Nachrichten prägnant und Crossmedial versenden.

Stories als „Nachlese" und spielen immer kräftiger auf der Klaviatur des Eventmanagements. Alle Nachrichten fließen in einem „Newsroom" zusammen und werden dort mehrfach verwertet. Crossmediales Arbeiten nennt man dieses Phänomen, bei dem durchaus im Sinne der integrierten Kommunikation Botschaften über mehrere Kanäle an den Rezipienten gebracht werden.

Was bedeutet dies für die Medienarbeit der Unternehmen? Wo geht die technologische Reise hin, wie kann die zunehmende kommunikative Anarchie, der sich die Unternehmen ausgesetzt sehen und auf die sie häufig keine Antwort wissen, in positive Energie umgesetzt werden? Das sind die Fragen, mit denen sich derzeit die gesamte Kommunikationsbranche sehr intensiv beschäftigt.

Eines ist sicher: Das geschriebene Wort allein reicht nicht mehr aus. Das müssen im Übrigen inzwischen auch die Blogger erkennen, deren Follower offenbar immer mehr die Lust verlieren, lange Texte zu lesen. Nach einer Studie des Pew Internet American Life Projects verlieren vor allem Jüngere das Interesse am klassischen Blog mit seinen eher längeren Texten und der Möglichkeit, einen Kommentar zu hinterlassen. „Vermutlich gehen Blogs nur einen ähnlichen Weg wie die E-Mail: Sie bleiben nützlich, sind aber nicht mehr sexy".[6] Der Trend zur kurzen Mitteilung wird auch durch das mobile Internet gefördert. Ellenlange Abhandlungen will dort weder jemand lesen noch schreiben.

Es gibt keine Zentralmacht der Information

Dieses Buch versteht sich nicht als Anleitung, einen „Bypass" um die Journalisten herumzulegen, wie das David Meerman Scott propagiert.[7] Das wäre völlig verkehrt, auch wenn inzwischen die Anzahl der Apologeten des Unterganges der „Holzmedien" (abwertend für alles, was aus Papier hergestellt wird) steigt. Entsprechend wenig Aufmerksamkeit wird in der Fachliteratur in letzter Zeit den traditionellen Instrumenten der Medienarbeit gewidmet[8]; es scheint so, als zähle nur noch das Internet, dem die „Zentralmacht der Information"[9] zugeschrieben wird. Was natürlich Unsinn ist. Richtig ist, dass PR-Verantwortliche einen neuen Medien-Mix im Blickfeld haben müssen. Für die Medienarbeit spielt das Internet natürlich eine wichtige Rolle. Es braucht aber das Nebeneinander in der Informationsverbreitung. „Die Grundregel heißt: Es gilt dort zu sein, wo die eigene Klientel

---

6   Bloggen ist nicht mehr sexy. In: Salzburger Nachrichten, 10. Februar 2010.

7   David Meerman Scott: The New Rules of Marketing and PR. How to Use News Releases, Blogs, Podcasting, Viral Marketing & Online Media to Reach Buyers Directly. Hoboken 2007, S. 24.

8   Eine sehr gut lesbare Ausnahme ist Die PR- und Pressefibel von Norbert Schulz-Bruhdoel und Katja Fürstenau. Frankfurt 4. überarbeitete Auflage 2008.

9   Schulz-Bruhdoel/ Bechtel (2009), S. 124.

im Netz zu finden ist – es ist den Versuch wert, der eigenen Klientel spezielle Orte im Netz zu schaffen."[10] Auf so vielen Wegen wie möglich sind Journalisten mit Information und Recherchemöglichkeiten zu versorgen, um auf diese Weise die Medienarbeit erfolgreich zu machen. Journalisten im weitesten Sinn sind dabei auch Blogger, wenn sie kompetent kommunizieren[11], sowie Communities, Wikis oder andere Internet-Seiten, die sich mit Themen auseinandersetzen, die für das Unternehmen relevant sind. Onlinekommunikation ist Beziehungspflege im Netz und das bedeutet, selber mitmachen, Angebote über unterschiedliche Plattformen verbreiten und so nutzbar machen.

Das Aufgabenfeld der Medienarbeit ist heute aufgrund der Innovationen, die auch sehr viel damit zu tun haben, dass sich die Medienlandschaft selbst rasant verändert, breiter denn je. Die Folge davon ist zu einem guten Teil Ratlosigkeit auf allen Seiten. Manches, was vor ein paar Jahren noch gut funktioniert hat, ist heute völlig obsolet geworden. Dazu gehört der Versand von Hunderten Mails an Redaktionsadressen als unadressierte BCC-Liste ohne direkte Anrede und ohne Prüfung, ob das Thema für den Adressaten relevant ist. Das Ergebnis ist absehbar: Letztlich landet die Geschichte samt Absender im Spamfilter.

Individuell zugeschnittene Aktivitäten sind gefragt, neue Kanäle und Maßnahmen im weiten Feld der Onlinekommunikation sind anzuwenden. Davon handelt dieses Buch. Es ist ein Leitfaden zur Optimierung der Medienarbeit. Es richtet sich an die PR-Verantwortlichen, an interessierte Manager sowie an Content-Lieferanten. Zu Letzeren gehören Internet-Agenturen ebenso wie Produzenten von Video- und Podcasts. Nicht zuletzt dient das Buch Studenten der Kommunikationswissenschaft und Betriebswirtschaft zur Orientierung in einem spannenden Berufsfeld, das komplexer denn je ist.

---

10   Schulz-Bruhdoel/Bechtel (2009) S. 137.
11   Nikolaus von der Decken: Hubert Burda Media: Eventkultur und ein starker medialer CEO - ein Gesprächsprotokoll. In: Wolfgang Immerschitt: Profil durch PR. Wiesbaden 2009, S. 156.

2. Unternehmenskommunikation in einer veränderten Medienwelt

Medienarbeit richtet sich auch heute noch in erster Linie einmal an Redakteure, die bei Tageszeitungen, regionalen Wochenblättern, Fachzeitschriften, Publikumsmagazinen, bei Hörfunk und Fernsehen arbeiten. Daran haben bislang die Möglichkeiten der Onlinekommunikation noch vergleichsweise wenig verändert. Wann diese Aussage ungültig sein wird, hängt von der Dynamik der weiteren Entwicklung ab.

Der US-Kommunikationswissenschaftler Philip Meyer hat 2004 prognostiziert, dass die letzte Zeitung 2043 gedruckt würde, sein in Lugano lehrender Berufskollege Stephan Ruß-Mohl bemerkte hierzu: „So lang wird es nicht mehr dauern."[12] Auch die Fernsehanbieter sind Veränderungen unterworfen: Die Sehgewohnheiten haben sich radikal geändert und die Kanäle, auf denen Bewegtbilder verbreitet werden, sind andere als noch vor wenigen Jahren. Die junge Sehergeneration sieht mobil und im Internet an, was sie gerade sehen will und nicht das, was gerade gesendet wird. Diese Entwicklung ist nicht aufzuhalten.

Vorerst aber behaupten die Massenmedien noch ihre Rolle im Agenda-Setting und in der Thematisierungsfunktion.[13] Die „klassischen Massenmedien" sind, ganz nebenbei bemerkt, auch nach wie vor die Hauptquelle für Blogger.

Thematisierungsfunktion heißt nicht, dass die Journalisten festlegen würden, wie die Menschen über bestimmte Themen denken sollen, sondern worüber sie nachdenken und in der Gesellschaft miteinander reden. Die Rolle von Journalisten wird gegenwärtig von allen Seiten her diskutiert. Ein durchaus interessanter Gedanke ist es, den Redakteur nicht mehr als Gatekeeper zu sehen, sondern als Lotsen. Stephan Ruß-Mohl begründet das so: „Heute landet viel Information fertig journalistisch aufbereitet in den Redaktionen: von Agenturen, von PR-Stellen. Journalisten müssen viel mehr Nachrichten auswählen, anstatt sie selbst zu recherchieren."[14] Die Kommunikationswissenschaft sieht längst die Rolle der Content-Lieferanten, zu denen auch die Medienarbeiter von Unternehmen gehören. Sie können versuchen, eigene Themen auf die Tagesordnung zu setzen, indem spannende Storys erzählt werden, die möglichst viele Menschen interessieren.

---

12 Patricia Käfer: Das iPad: Ein unhandliches Trumm. In: Die Presse, 12. März 2010, S. 27.
13 Hans-Bredow-Institut (Hrsg.): Medien von A bis Z. Wiesbaden 2006, S. 16.
14 Käfer (12. März 2010), S. 27.

Ihr Thema muss sich am Meinungsmarkt durchsetzen

Was ist als Thema für die Medien interessant? In erster Linie wird aufgegriffen, was Leser, Hörer oder Seher des jeweiligen Mediums anspricht. Das Themenradar der Medien ist sehr genau eingestellt. Die Inhalte unterliegen einer permanenten kritischen Beobachtung. Welche Themen kommen an, welche Aufreger bringen Quote, welche Differenzierungsmerkmale zum Mitbewerb gibt es? Redaktionelle Beiträge unterliegen permanenter Beobachtung. Themen, die gar keine Reaktion hervorrufen, verschwinden sehr schnell. Themen, die eine Flut von Leserbriefen, Postings oder Anrufe auslösen oder die von anderen Medien aufgegriffen werden, werden zur Serie ausgewalzt, nachdem der Hype vorüber ist, aber auch genauso schnell wieder fallen gelassen. Wenn es Ihrem Unternehmen gelingt, ein Thema zu initiieren („Agenda Setting"), erleben Sie das Gefühl eines Surfers vor Hawaii, der die perfekte Welle erwischt hat. Wer zu früh oder zu spät kommt, den bestraft die Gischt.

Die richtigen Themen anzusprechen, ist eine Sache, die andere ist die Auswahl der Dialoggruppen. Es wird nicht detailliert analysiert, über welche Kanäle diese am besten erreicht werden können. Industriebetriebe konzentrieren sich auf Fachpublikationen sowie die Wirtschaftspresse und vernachlässigen oft die Regionalmedien. Sie übersehen, dass sie damit ihre Marke als Arbeitgeber vernachlässigen. Tourismusunternehmen beschränken sich umgekehrt oft auf die Medien der eigenen Region und verzichten damit darauf, die Medien in den Herkunftsdestinationen der Gäste anzusprechen. Die Beispiele ließen sich beliebig fortsetzen.

Es macht auch einen enormen Unterschied, an welche Person konkret eine Botschaft gerichtet wird. In jedem Medium gibt es Ressorts und Redakteure, die ein spezielles Thema abdecken. Um es ein wenig plakativ zu machen: Den Redakteur von *Horse & Hound* (das zeigt die urkomische Szene mit Hugh Grant und Julia Roberts in „Notting Hill") interessieren ganz andere Geschichten als den Societyreporter, der auf den Filmstar angesetzt wird. Medienarbeit von Unternehmen richtet sich meist an Wirtschafts-, Fach- oder Lokalredakteure. Sie möglichst genau zu kennen, ist ein ganz zentraler Punkt der Medienarbeit. Nur so können die richtigen Ansprechpartner gezielt angesprochen werden. Meist ist das mit ganz unglamouröser Knochenarbeit verbunden, nämlich der Verteiler-Erstellung und -Wartung, mit Beziehungsmanagement zwischen den Medienverantwortlichen im Unternehmen bzw. deren Agenturen und den Key-Journalisten und nicht zuletzt mit Issue-Management aus einem journalistischen Blickwinkel. Diese Analysearbeit gilt im Übrigen auch für Online-Autoren. Auch von ihnen muss man wissen, was sie tun und worüber sie schreiben. Nur so kann sich ihr Thema am Meinungsmarkt durchsetzen.

Unkenntnis der handelnden Personen wird bestraft

„Der Presseverteiler ist für PR-Agenturen der Ring des Nibelungen, der Schatz der Tempelritter, der Heilige Gral."[15] Aus diesem Satz klingt so etwas wie die Erfahrung des Sisyphos heraus. Der von den Göttern in der griechischen Mythologie für seine Verschlagenheit Bestrafte musste bekanntlich einen Fels immer wieder auf einen Berg rollen. Ehe er oben war, entglitt ihm der Felsblock und seine Arbeit begann von vorne. So ähnlich ist es mit dem Medienverteiler. Er erfordert einen riesigen Aufwand im Unternehmen oder bei der betreuenden PR-Agentur. Zwar ist auch diese Arbeit wie beim alten Griechen nie erledigt, der Fleiß lohnt sich aber wenigstens in unserem Fall!

Bevor Sie eine Medienaktivität starten, sollten Sie genau abchecken, für wen die Geschichte interessant ist, die Sie erzählen möchten. Und zwar nicht nur, für welches Medium, sondern auch für welche Person in diesem Medium. Unterscheiden Sie nach regionalen und fachlichen Kriterien. Es macht einen Unterschied, ob man es mit einer Tageszeitung oder einem Fachorgan zu tun hat. Das erfordert Rechercheaufwand, den auch zugekaufte Verteiler nicht gänzlich abdecken können. Oft hilft nur der Griff zum Telefon und die Nachfrage im Redaktionssekretariat, wer für welches Thema zuständig ist. Hier können Sie in der Regel dann auch die persönliche Mailadresse des zuständigen Redakteurs erfragen. Besonders in großen deutschen Verlagen ist es oft Usus, eine Redaktionsadresse für alle anzugeben. Durch diesen Filter kommen Sie kaum auf den Bildschirm des letztlich für Sie interessanten Ansprechpartners.

Der erste Schritt ist natürlich, dass Sie sich selbst fragen, welche Medien für Ihr Unternehmen am wichtigsten sind. Das heißt: Welche Medien konsumiert der Personenkreis, den Sie ansprechen möchten? Sind das regionale Medien, Wirtschaftsmedien, Fachmedien, Publikumszeitschriften, Radios oder Fernsehsender, bestimmte Foren im Internet? Wenn Sie die Frage nicht sofort beantworten können, müssen Sie nach der Antwort suchen. Je genauer die Antwort ausfällt, desto treffsicherer sind Ihre Medienaktivitäten.

Wenn Sie erst am Anfang des Aufbaus eines Medienverteilers stehen und keine PR-Agentur beschäftigen, die Ihnen diese Mühsal erspart, können Sie auch Verteiler zukaufen.

Frage: Wes ist unser Ansprechpartner in den Redaktionen aus der Medienresonanzanalyse?

15 Ines Glatz-Deuretzbacher/Paul Christian Jezek/Sylvia Wasshuber: So kommt mein Unternehmen in die Medien. Professionelle PR für Firmengründer, KMU und Freiberufler. Heidelberg 2006, S. 29.

Wie wurde bei den Redaktionsbesuchen vorgegangen? Planlos oder Planvoll?

STAMM. Leitfaden durch Presse- und Werbung. 61. Ausgabe, Essen: STAMM Verlag: 2008. ISBN: 978-3-87773-044-7. Über 2.000 Seiten in zwei Bänden. Den Leitfaden gibt es auch für Österreich und die Schweiz. www.stamm.de

ZIMPEL online: Hier finden Sie sämtliche Daten und ein leicht zu bedienendes und trotzdem sehr leistungsfähiges Programm. Viele weitere Extras wie Charakteristika, Zielgruppe oder Auflagenzahlen der einzelnen Medien ermöglichen eine punktgenaue Recherche. www.zimpel.de

Der Media Daten Verlag bietet Branchenprofis aktuelle und geprüfte Mediadaten in unterschiedlichsten Formaten – vom klassischen Handbuch bis zur neuen Datenbank Media-Daten Online. Das Informationsangebot umfasst: Formate, Preise, Rabatte, technische Daten und Termine. www.mediadaten.de

Abbildung 2:   Mediadaten - Österreich

Pressehandbuch 2008: Medien und Journalisten für PR und Werbung in Österreich. Wien: Manz Verlag. 2008. ISBN: 978-3-214-08134-8.

Das Pressehandbuch enthält Medien mit Mediadaten, Tarifen, Ansprechpartnern und Journalistenkontakten. www.pressehandbuch.at

Abbildung 3:   Mediadaten - Schweiz

Die PR- und Mediendatenbank „Schweizer PR- und Medien-Verzeichnis" enthält rund 4.000 Adressen mit über 10.000 Kontakten von Schweizer Medien, Pressestellen, PR-Agenturen, Mediendiensten sowie Freischaffenden. www.renteria.ch

Abbildung 4:   Mediadaten - gesamter deutschsprachiger Raum

MEDIATOR ist ein Portal für alle, die auf aktuelle Medieninformationen und/oder Mediadaten (speziell Mediatarife) angewiesen sind. Die Nutzung von Media-Tor ist kostenfrei. Für die Suche ist auch keine Anmeldung erforderlich. Mehr als 40.000 Datensätze für Medien in der Schweiz, Österreich und Deutschland sind in der Datenbank der Mediadaten hinterlegt. www.media-tor.info

Alle Verzeichnisse[16] werden in Buchform oder als Loseblattsammlung, CD-Rom und online (mit Zutrittscode) herausgegeben. Neben diesen Anbietern gibt es natürlich auch noch eine Reihe weiterer mit ähnlichen Angeboten. Alternativ können die Medien auch über das Internet recherchiert werden, das ist dann zwar um einiges aufwändiger, dafür aber kostengünstiger. Wenn Sie internationale Fachmedien suchen, finden sich allein bei Google knapp 40.000 Einträge, meist nach Ländern oder Sachthemen geordnet. Ein Tipp für die verfeinerte Suche: Kontaktieren Sie die auswärtigen Vertretungen in den jeweiligen Ländern. Insbesondere die Außenhandelsstellen der Wirtschaftskammer Österreich bieten ihren Mitgliedsbetrieben eine sehr professionelle und schnelle Dienstleistung.

Wenn Sie ganz spezifisch nach (internationalen) Fachmedien suchen, lohnt sich auch der Blick auf die Homepage der einschlägigen Messen. In einigen Fällen werden die akkreditierten Journalisten dort publiziert bzw. können über die Pressestelle erfragt werden.

Wenn Sie auf diese Weise einmal einen Verteiler angelegt haben, dann taugt der für diesen einen Anlassfall. Drei Monate später aber schon nicht mehr, weil die Fluktuation in den Medien groß ist. Und schon gar nicht, wenn Sie ein Thema anbieten möchten, das für einen etwas anders zusammengesetzten Kreis von Interesse ist. In diesem Fall fängt alles von vorne an. Womit wir wieder bei einem gewissen Herrn Sisyphos angekommen wären.

Es gibt aber keinen Grund, sich entmutigen zu lassen. So groß die Fallzahlen insgesamt auch sein mögen. Für den Einzelfall, also Ihr Unternehmen, ist die Zahl der Key-Medien und -Journalisten überschaubar. Sie nicht genau zu kennen, ist ein Fehler. Und Unkenntnis der wichtigsten handelnden Personen wird bestraft.

VSD-Verteilers : je Zeitschrift mit Ansprechpartner hinterlegt.

Die Medien brauchen neben Informationen auch Einnahmen

Medien sind, was früher insbesondere von den Journalisten selbst gerne übersehen wurde, in erster Linie kommerzielle Unternehmen. In den letzten Jahren – verschärft durch die globale Wirtschaftskrise 2008/09 – hat sich das betriebswirtschaftliche Umfeld dramatisch verändert. Sehr eindrucksvoll hat dies der Schweizer Onlinereport am Beispiel der Basler Zeitung gemacht, die Anfang 2009 ein Viertel ihrer Redaktion kündigen musste: „Die Zeitung leidet unter einem Phänomen, das auch die meisten anderen politischen Tageszeitungen an den Grundfesten angreift: Die zahlende Kundschaft altert und stirbt weg, im Abonnentenstamm wächst aber keine junge Leserschaft nach. Sie informiert sich aus den

---

16   Die Recherchen erfolgten zum Jahresende 2009.

Gratisblättern und zunehmend auch aus dem Internet, das Nachrichten ebenfalls kostenlos anbietet."[17]

Das hat zur Folge, dass die Medien mehr noch als in „Boomzeiten" Nachkaufbetreuung betreiben. Sie versuchen, ihren bestehenden Abonnenten klarzumachen, warum sie gerade dieses spezielle Medium weiterhin kaufen sollen. Mit Zugaben versuchen sie neue Abonnenten zu gewinnen. Ein alarmierendes Bild der Kaufzeitungen hat Peter Krotky in der „Presse" gezeichnet. Abonnementgebühren und Einzelverkäufe decken nur rund ein Drittel der Kosten, „die es braucht, um die Zeitung zu schreiben, zu drucken und täglich bis an die Haustür zu liefern. Die restlichen zwei Drittel müssen mit Werbung finanziert werden. Unser Online-Dienst DiePresse.com kann völlig gratis genutzt werden. Er muss sich zu 100 Prozent aus Werbeerlösen finanzieren. Auch das ist kein Spezifikum der ‚Presse', sondern trifft auf so gut wie alle Online-Nachrichtendienste weltweit zu. Das Geschäftsmodell der Printzeitung ist in den vergangenen Jahren zunehmend unter Druck geraten."[18] Dieser Druck führe nun dazu, dass vor allem (zunächst?) in den USA Zeitungen ihr Erscheinen einstellen müssen und in deutschen, österreichischen und Schweizer Verlagshäusern massive Sparpakete geschnürt werden.

Seit Jahren wird in der Medienbranche diskutiert, ob das Internet gedruckte Tageszeitungen zum Aussterben verurteilt. Die Frage lautet: Wird sich künftig Journalismus an sich - also unabhängig von seiner Ausgabeform - überhaupt noch finanzieren lassen oder wird er gar durch „Amateure" ersetzt, die kommunizieren, was sie wollen, ohne journalistische Ausbildung und bar jeder Kontrolle? Der Herausgeber der Frankfurter Allgemeinen Zeitung, Günther Nonnenmacher, hat am Kommunikationskongress in Berlin im Herbst 2008 sinngemäß gemeint, irgendwann würden die Leser doch der journalistischen Qualität den Vorzug gegenüber dem anspruchslosen und unkontrollierten Publizieren im Internet geben.

Ich habe das - mit Verlaub - als ganz lautes Pfeifen im Wald verstanden, mit dem die eigene Unsicherheit und verständliche betriebswirtschaftliche Sorge vertrieben werden soll. Das ändert aber nichts am Faktum, dass weder die Medien, noch die Unternehmen und natürlich auch nicht die PR-Agenturen eine Antwort auf die sich abzeichnenden gravierenden Veränderungen haben. Wir erleben einen Kulturbruch, wie er seit Gutenberg nicht mehr geschah.[19] Und das will etwas heißen. Haben doch erst jüngst die Deutschen den Buchdruck als das wichtigste Ereignis in

---

17   Peter Knechtli: Die „Basler Zeitung" vor dem größten Abbau ihrer Geschichte. In: http://www.online-reports.ch/News.109+M5249878a50b.0.html
18   Peter Krotky: Journalismus: Das Ende der Geschichte. In: Die Presse, 7./8.März 2009, S. 1f.
19   Diesen Vergleich hat der Verleger Hubert Burda beim Zukunftskongress der Universität Freiburg im Breisgau 2007 angestellt.

der Geschichte ihres Volkes gewählt. Die Erfindung Gutenbergs kam noch vor Mauerfall und Wiedervereinigung auf Platz eins.

„Kommunikationsmanagement und Journalismus stehen vor Problemen, die nur durch neue Strategien zu lösen sein werden."[20] Wie das Kaninchen auf die Schlange starrt die Medienlandschaft auf die neuen Herausforderungen, die sich wie eine Pandemie über den Globus ausbreiten. Printmedien wie Rundfunk und Fernsehen kämpfen im Internet auf einmal nicht nur gegen eine Handvoll Mitbewerber auf einem relativ eng begrenzten Markt (wie von der Zeitung her gewohnt). In der Online-Welt stehen die Medienunternehmen gegen Tausende andere, darunter globale Giganten vom Schlage Google oder YouTube. Das Angebot an potenziellen Werbeflächen übersteigt die Nachfrage um ein Vielfaches. Google schaffte in Deutschland 2008 rund 1,7 Milliarden Euro Umsatz; die zehn größten deutschen Verlagshäuser kamen gemeinsam mit ihren Websites auf vergleichsweise mickrige 82 Millionen Euro Umsatz.

Die neue Medienwelt besteht aus einem Nebeneinander von kommerziellen und nicht kommerziellen Produkten, aus professionell und amateurhaft gestalteten Medien. „Das Ergebnis für die herkömmliche Medienszenerie: beinharte Konkurrenz, sinkende Werbepreise", schreibt der Chefredakteur von DiePresse.com, Peter Krotky.

Inwieweit die neueste Strategie der Medienkonzerne funktioniert, sich ihren Content von den Suchmaschinen zahlen zu lassen, wird sich weisen. Fakt ist, dass Google Anfang 2010 mit Associated Press einen Vertrag geschlossen hat und kurz zuvor schon Yahoo. An der Spitze der „Antigratisbewegung" stehen Rupert Murdoch und seine News Corporation, die den kostenlosen Zugang zu ihren Webseites einschränkt. Die finanziell arg gebeutelte New York Times, deren Gewinne eingebrochen sind, will bis 2011 schon Bezahllesen im Internet einführen. Einige andere große US-Verlage sind auch schon auf diesen Kurs eingeschwenkt.

In Europa hätte das vermutlich auch gerne der eine oder andere Verleger, allerdings sind die vor Jahren gestarteten Versuche, den Zugang zu den elektronischen Zeitungsseiten kostenpflichtig zu machen genauso kläglich gescheitert wie der Versuch, die gut sortierten Archive zu Geld zu machen. Auch ein anderes Motiv gibt es: Die Printmedien wollen sich „den weltgrößten Suchmaschinenanbieter auch nicht verprellen - schließlich gelangen fast die Hälfte der Leser über die Google-Suche auf ihre Nachrichtenportale."[21] Dem ungeachtet versuchen Zeitungen Wälle um ihre recherchierten Artikel zu errichten. Was bedeutet das für die

---

20 Schulz-Bruhdoel/ Bechtel (2009), S. 9.
21 Daniel Schnettler: Gratisinternet bald Geschichte? In: Salzburger Nachrichten, 15. Februar 2010, S. 13.

kommunizierenden Unternehmen? Es bedeutet eine Chance, mehr Kanäle als bisher zu nutzen und selbst auch mitzumischen. Denn: Das Internet macht jedes Unternehmen auch zu einem Medienunternehmen. Kommunikationsmanager in den Unternehmen oder beauftragten Agenturen können sich einerseits auf die klassischen Informationsmedien stützen, gleichzeitig aber ihre Themen multimedial aufbereiten. Es gilt nicht nur das geschriebene Wort, gefragt sind auch Bewegtbilder und Tondokumente. Und sie müssen multimedial und crossmedial agierende Medien selbst konzipieren. Auch davon wird in diesem Buch die Rede sein.

Auch für die Journalisten ändert sich die tägliche Arbeit ungemein. Multitasking wird von ihnen verlangt, das heißt, sie müssen auf mehreren Ebenen publizieren. Journalisten haben in den letzten Jahren auch lernen müssen, unternehmerischer zu denken. Bei etablierten Redakteuren wird das nach wie vor höchst skeptisch gesehen, ja sogar mit einem gewissen Widerwillen. Das hat eine kleine Befragung ergeben, die ich durchgeführt habe.[22] Besonders in der Schweiz sehen die „Redaktoren" eine zunehmende Einflussnahme von Marketinginteressen, eine gewisse Tendenz hin zum Bezahljournalismus: „In der verschärften Konkurrenzsituation lassen der Wille und der Zwang, um jeden Preis Geld zu verdienen, journalistische Standards unter die Räder kommen. Das Niveau kippt, die Trennung von Berichterstattung und Werbung existiert nur noch als Fassade," gab ein frustrierter Journalist zu Protokoll.[23] Verständlich ist diese Sicht aus der Retrospektive allemal. Ähnlich wie die „Götter in Weiß" waren lange Zeit in unseren Breiten journalistisch Schaffende unantastbar. Heute sind sie das nicht mehr.

Der US-Medienexperte Jay Rosen geht in einem Gespräch mit der „NZZ" nicht eben nett mit der Zunft um, wenn er sagt: „Journalisten sind abhängige Geschöpfe, denn sie glauben immer noch an einen „Big Daddy" im Hintergrund. Sie haben „Big Daddy" zwar nie über den Weg getraut, aber immer daran geglaubt, dass er für Werbeanzeigen sorgt, Büros bereitstellt, die Druckereien zur Verfügung stellt und sich um alles kümmert. Sie dachten, sie hätten ein Recht dazu, in Ruhe gelassen zu werden, um ihre Berichterstattung zu erledigen. Das ist eine ganze Weile gut gegangen, aber einen „Big Daddy" gibt es jetzt nicht mehr. Und jemand anderen, der ihre Probleme löst und sie unterstützt, wird es künftig auch nicht geben."[24] Mancher

---

22   Im Rahmen einer meiner Lehrveranstaltungen am Fachbereich Kommunikationswissenschaft der Universität Salzburg haben Studenten deutschsprachige Journalisten befragt. Zusammen mit den von mir geführten Gesprächen waren das in Summe rund 100 ausgefüllte Fragebögen aus Deutschland, Österreich und der Schweiz.

23   Schulz-Bruhdoel/Bechtel (2009), S. 14.

24   Es ist alles keine Katastrophe. Der US-Experte Jay Rosen über die Entwicklung des Journalismus. In: http://www.nzz.ch/nachrichten/medien/es_ist_alles_keine_katastrophe_1.1668075.html

Journalist verspürt schmerzhaft den Bedeutungsverlust, der mit dem Schwund der Macht der einst privilegierten Gatekeeper verbunden war.

Der „Spiegel" hat zur Zeitungskrise gemeint, dass „Panik kein Geschäftsmodell" sei. Und Peter Krotky stellt eine Art Artenschutzprogramm auf: Wenn man schon davon ausgehen müsse, dass Journalismus als Printmodell nicht zu retten ist und als digitales Modell wirtschaftlich – vielleicht – nicht funktionieren wird, wenn Journalismus aber trotzdem etwas ist, das eine Gesellschaft irgendwie braucht, müsse man neue Wege beschreiten. Der Mitarbeiterabbau in den Medien ist weltweite Realität geworden. In den USA – wo die Printmedien an galoppierender Leserzirrhose leiden und selbst die traditionsreiche New York Times keine Dividenden mehr zahlen kann – findet man den Schrumpfungsvirus ebenso wie in Deutschland oder Österreich. Ganz nebenbei: Das Phänomen betrifft natürlich genauso Hörfunksender und TV-Anbieter. Viele kleine Sender arbeiten mit Minibesetzung, die große Vorort-Recherchen einfach nicht mehr zulassen. Der Redakteur, der die Kamera beim Interview selbst schultert ist längst keine Ausnahmeerscheinung mehr.

Wenn auf Seiten der Medien immer weniger Mitarbeiter ein Produkt herstellen, das sich auch klar vom Mitbewerb unterscheidet und nicht einfach die gleichen Geschichten in anderem Layout verpackt, wird professionelle Unterstützung der redaktionellen Arbeit durch Öffentlichkeitsarbeiter, die sich als Partner der Journalisten verstehen, immer wichtiger. Wer Erfolg haben will, muss die Medien, ihre Arbeit und Mitarbeiter ebenso kennen wie die Entwicklungen und Trends, denen sie unterliegen.

Eine der zentralen Thesen dieses Buches ist es, dass die Veränderungen in der Medienlandschaft und der Rezeptionsgewohnheiten der Menschen vor allem eines mit sich bringen: mehr Individualität. An das Storytelling werden viel höhere Anforderungen gestellt. Jede Geschichte, die sich zu erzählen lohnt, kann von verschiedenen Seiten her betrachtet werden und damit für mehrere Medien den Anspruch der Individualität erfüllen. Das erfordert auch den besonderen persönlichen Einsatz des Managements, das der Geschichte ein Gesicht geben muss.

Alles, was mehr Individualität und Dialogorientierung in sich birgt, ist besser als monologische Massenware und wird aufgrund des geschilderten medialen Umfeldes in Zukunft an Bedeutung gewinnen.

Die dramatische Veränderung der Medienlandschaft verlangt neben der Individualität auch nach langfristigen, verlässlichen Partnerschaften auf Augenhöhe. Beide Seiten sollten sich immer vor Augen halten, dass eine langfristige Beziehung immer ein Geben und Nehmen ist. Die Waage darf nie zu sehr auf eine Seite ausschlagen. Es gab Zeiten, da machten sich die Journalisten einen Spaß daraus, Unternehmen im redaktionellen Teil ordentlich durch den Kakao zu ziehen, während am Lieferanteneingang der Verkäufer aus dem gleichen Medienhaus ein Inserat zu ergattern versuchte - und häufig auch bekam, um noch Schlimmeres zu verhindern. Diese negative Grundhaltung ist unter dem Druck des Erfolgszwanges der Medienunternehmen zumindest vordergründig zurückgedrängt worden. Manches versteckte Foul auf Medienseite wurde später durch Revanchefouls gerächt. Sinn macht aus meiner Sicht nur eine Begegnung von Medien und Unternehmen auf Augenhöhe. Ohne Überforderung oder Übervorteilung des Einen durch den Anderen. Unter Einhaltung klarer ethischer Grenzen. Das bedeutet unter anderem auch, dass Unternehmen die Medienarbeit nicht als kostenlose Werbung sehen dürfen. Ohne das Verständnis, dass Medien nicht nur interessante Nachrichten brauchen, sondern auch Einnahmen, funktioniert das Zusammenspiel nicht.

Aufmerksamkeit ist ein knappes Gut mit hohem Wert

In den Massenmedien haben sich bestimmte Aufmerksamkeitsregeln herausgebildet, die von Journalisten angewandt werden, um Ereignisse in Hinblick auf ihren Nachrichtenwert zu bewerten. Niklas Luhmann[25] hat fünf Regeln für das knappe Gut Aufmerksamkeit bestimmt. Hohen Nachrichtenwert haben demnach Sachverhalte, auf die bestimmte Eigenschaften, die wir Nachrichtenfaktoren nennen, in besonderer Weise zutreffen. Solche Themen finden Sie etwas weiter unten fakultativ aufgelistet.

Hoher gesellschaftlicher Wert, Krisen, Unfälle, Unerwartetes, Neuheiten, häufige öffentliche Wahrnehmung von Personen oder Institutionen sowie der Absender der Botschaft lenken Aufmerksamkeit auf sich, könnte man frei nach Luhmann formulieren. Je mehr Aufgreifkriterien es sind und je eindeutiger sie zutreffen, desto wahrscheinlicher gerät Ihr Unternehmen in den öffentlichen Diskurs. Es kommt für den Öffentlichkeitsarbeiter nun darauf an, Ereignisse mit Nachrichtenwert zu schaffen, die ein positives Bild vom Unternehmen vermitteln bzw. die den Unternehmensstandpunkt in einer gesellschaftlichen Auseinandersetzung einsichtig machen.

Für das Unternehmen bedeutet das, dass zumindest auf der Welle eines Themas geschwommen wird, das noch eine sehr junge Karriere in der Diskussion hat. Noch besser ist es natürlich, wenn ein Thema neu besetzt wird. Freilich ist das nicht

---

25   Niklas Luhmann: Die Realität der Massenmedien, Opladen 2006.

immer ganz einfach. Wenn es aber gelingt, Themenführerschaft zu übernehmen, dann wird der Lohn hierfür eine breite Mediencoverage sein.

Die Aufmerksamkeitsfaktoren müssen klar herausgestellt werden. Ich beobachte hier ein gewisses Problem mit dem Selbstverständnis in der Unternehmenskommunikation: Medienarbeit ist nämlich in erster Linie Verkauf. So wie sich die Zeitschrift am Kiosk mit den besten (Titel-)Geschichten ihre Leser gewinnen muss, muss jede Geschichte, die Sie anbieten, von jemandem „gekauft" werden. Das sind in erster Linie Journalisten, die wiederum ihre Rezipienten im Auge haben. Der Verkauf Ihrer Medienarbeit erfolgt über mehrere Ebenen. Die wichtigste Ebene ist sicher die Beziehungsebene zu den Key-Journalisten. Es kommen noch viele weitere Punkte hinzu, von denen noch die Rede sein wird. Viele davon haben ganz simpel etwas mit handwerklichen Fähigkeiten zu tun, die in der Medienarbeit beherrscht werden müssen.

Die nachstehende taxative Auflistung (die längst nicht erschöpfend ist und je nach Branche und Unternehmen mit einiger Phantasie vervielfacht werden kann) nennt einige Themen, die sich als Anknüpfungspunkt eignen. Die Einteilung habe ich nach den fünf Aufmerksamkeitskriterien von Niklas Luhmann zusammengestellt. Die Liste zu erweitern, fällt Ihnen sicher nicht schwer. Mitnehmen sollten Sie auf jeden Fall die Erkenntnis, dass Aufmerksamkeit ein seltenes Gut ist, das einen hohen Ertrag in Form von steigender Reputation abwerfen kann.

Themen mit hoher Aufmerksamkeit

▶ *Gesellschaftliche Relevanz*
  - ▶ Fusion mit anderem Unternehmen
  - ▶ Umwelt-, Kultur- und Sportsponsoring
  - ▶ Anknüpfen an Ergebnisse einer Umfrage oder veröffentlichten Statistik
  - ▶ Erstellen von Marktstudien oder Replizieren auf Ergebnisse der Marktforschung
  - ▶ Übergabe einer Auszeichnung, eines Gütesiegels oder Ähnliches
  - ▶ Feste, Feierlichkeiten, Großereignisse
  - ▶ Betriebsjubiläum
  - ▶ Einstellung neuer Mitarbeiter in größerer Zahl
  - ▶ Teilnahme an bedeutsamen Infrastrukturprojekten
  - ▶ Lokale oder fachliche Alleinstellungsmerkmale
  - ▶ Schließen einer Versorgungslücke
  - ▶ Fachbeitrag zu einem gesellschaftlich relevanten Thema
  - ▶ Umweltrelevante Investition im Unternehmen

- *Krisen, Konflikte, Unfälle, Unerwartetes*
  - Entlassen von Mitarbeitern in größerer Zahl
  - Stilllegen von Unternehmensstandorten
  - Unfälle, Brände, Betriebsausfälle
  - Zuschlag für einen heiß umkämpften Auftrag
  - Veränderungen in der Unternehmensführung
  - Auseinandersetzung mit Behörden
  - Beteiligung an Wettbewerben der Branche
  - Streit um Rechte, Patente, Internet-Domain oder Ähnliches
  - Kuriose Verwendung von Produkten oder Rohstoffen
  - Ausgefallene Werbe- oder PR-Aktion
  - Organisation außergewöhnlicher Wettbewerbe
  - Kuriose Ereignisse, Schnapszahlen oder Fähigkeiten von Repräsentanten des Unternehmens

- *Neuigkeiten*
  - Neu- oder Wiedereröffnung (Werkhalle, Filiale, Ausstellung)
  - Verkaufsstart neuer Produkte und Dienstleistungen
  - Umsatz-/Gewinnstatistiken, Bilanzen, Rechenschaftsberichte
  - Inbetriebnahme einer neuen Produktionsanlage
  - Grundsteinlegung, Richtfest, Beginn oder Abschluss wichtiger Abschnitte
  - Entwicklung innovativer Produkte und Dienstleistungen
  - Präsentation der Ergebnisse des Geschäftsjahres
  - Anmeldung oder Erhalt eines Patentes
  - Neue strategische Ausrichtung des Unternehmens
  - Neue Produktionsverfahren
  - Auszeichnungen, Preise, Zertifikate, Gütesiegel
  - Forschungskooperation
  - Neue Serviceangebote
  - Erschließung geografisch neuer Märkte

- *Öffentliche Aufmerksamkeit*
  - Größere Bauvorhaben
  - Übernahme von öffentlichen Ämtern durch Unternehmer/Manager
  - Behördenverfahren (Bauvorhaben, Umweltmaßnahme …)
  - Rede als Experte bei einem Kongress
  - Teilnahme an Messen
  - Tag der offenen Tür
  - Unterstützung örtlicher Vereine, Organisationen, Initiativen
  - Hervorhebung von Spezialkenntnissen durch Referenz

▶ *Hoher Relevanzwert des Absenders*

- ▶ Auszeichnung durch bekannte Institution oder Persönlichkeit
- ▶ VIPs bei Event oder betrieblicher Veranstaltung
- ▶ Spitzenmanager des Unternehmens haben anerkannten Expertenstatus
- ▶ Vortrag bei Kundenveranstaltung von bekannter Persönlichkeit
- ▶ Prominente Persönlichkeit als Testimonial für ein Unternehmen

Nehmen Sie die Anliegen der Journalisten ernst

Gut gemachte Medienarbeit war immer schon dialogorientiert, sie verlangt nach ständigem Kontakt mit den relevanten Journalisten. Da kam und kommt dann auch immer entsprechendes Feedback auf gute oder schlechte Geschichten. Diese Bereitschaft zum Dialog muss im Hinblick auf die neuen Multiplikatoren im Internet mindestens ebenso ernst genommen werden. Im Umgang mit Journalisten – egal für welches Medium sie arbeiten – gibt es eine Etikette.

An erster Stelle steht hier die Pressefreiheit. Die journalistische Integrität (die auch für den Blogger gilt) und Unabhängigkeit zu wahren, gebietet nicht zuletzt der Respekt vor den vielen Menschen, die im Kampf um die Meinungs- und Pressefreiheit in der Geschichte und Gegenwart ihr Leben gelassen haben. Pressefreiheit muss unantastbar bleiben – auch wenn in den Budgetkürzungszeiten der Druck von der Verlagsseite wächst und die Journalisten heute häufiger in die finanzielle Verantwortung für ihren Verlag eingebunden werden. Pressefreiheit bedeutet auch für die Journalisten eine hohe Verantwortung, derer sie sich immer bewusst sein sollten. Weder der Missbrauch des Freiraumes noch die leichtfertige Hingabe dieses Verfassungsrechts stehen der Profession gut an.

An zweiter Stelle stellt sich die Frage, warum ein Journalist eine Story schreiben soll. Öffentlichkeitsarbeit ist zu einem guten Teil eine verkäuferische Tätigkeit. Dem „Kunden" muss das Produkt schmackhaft gemacht werden. Es läuft heute nur noch in den seltensten Fällen so, dass Presseinformationen schriftlich (das heißt per Mail) versandt werden und die ganze Medienwelt das dann abdruckt, ins Netz stellt oder Hörfunk- und Fernsehstories daraus gestaltet.

Unternehmerische Medienarbeit muss sich dem Dialog stellen. Dabei sollte weder versucht werden, einem Journalisten ein Thema auszureden, das er sich vorgenommen hat, noch ihm ein Thema einzureden, das er nicht sieht. Helfen Sie ihm stattdessen, so gut es geht, sein Projekt zu verwirklichen. Häufig erhalten Sie dabei auch die Möglichkeit, Ihr eigenes Anliegen mit einfließen zu lassen.[26]

Auch Journalisten sind nur Menschen. Wer sie richtig behandelt, wird auch von ihnen gut behandelt. Dieser Leitfaden zeigt, worauf dabei zu achten ist.

Was Sie tun sollten	Was gar nicht geht
✓ Akzeptieren Sie die Pressefreiheit und die Unabhängigkeit des Journalisten.	➖ Beachten Sie das 9. Gebot: Du sollst nicht lügen. Langfristig fahren Sie mit der Wahrheit immer besser.
✓ Stellen Sie sich die Frage: Warum soll gerade dieses Medium meine Geschichte bringen? Was haben Sie davon und was das Medium?	➖ Vermeiden Sie negative Aussagen über Ihre Konkurrenten. Das lässt Sie selbst in einem schlechten Licht erscheinen.
✓ Überzeugen Sie den Journalisten, dass es eine Win-win-Situation gibt.	➖ Setzen Sie Journalisten niemals unter Druck, besonders nicht mit dem Hinweis, dass Sie Anzeigen schalten und einen redaktionellen Bericht erwarten.
✓ Argumentieren Sie möglichst konkret und einfach. Sie gewinnen nichts, wenn Sie keiner versteht.	
✓ Machen Sie sich Mühe bei der Individualisierung von Geschichten, die Ihr Unternehmen hergibt und geben Sie professionelle Recherchehilfe.	➖ Freuen Sie sich, wenn Sie als Experte gefragt werden, aber markieren Sie nicht den fachlich haushoch Überlegenen.
✓ Unterstützen Sie Journalisten, die in Ihrem Spezialthema nicht so fit sind wie Sie. Sie werden es Ihnen danken.	➖ Denken Sie daran, dass Medien schnell sein müssen. Wenn Sie einen Journalisten über den Redaktionsschluss hinaus hängen lassen, haben Sie ihn als Partner verloren.
✓ Nutzen Sie interessante Events, Veranstaltungen und Messen, um den Kontakt zu Journalisten zu knüpfen und zu pflegen.	➖ Schimpfen Sie nicht, wenn eine Medienaktivität nicht aufgegriffen wurde. Denken Sie darüber nach, was die Ursache dafür gewesen sein könnte.
✓ Bedanken Sie sich auch einmal, wenn eine Geschichte gut geschrieben wurde.	➖ Verlangen Sie nicht, dass Sie den Beitrag über Ihr Unternehmen vor Veröffentlichung vorgelegt bekommen.

---

26 An dieser Stelle möchte ich ausdrücklich darauf hinweisen, dass nur aus Gründen der Lesbarkeit des Textes nicht immer der geschlechtergerechte Sprachgebrauch verwendet wird. Natürlich sind in allen Fällen UnternehmerInnen, JournalistInnen, ManagerInnen oder KommunikationswissenschaftlerInnen gemeint, wenn nur die männliche Form verwendet wird. Dies zu betonen ist mir ein besonderes Anliegen, da in der Medienarbeit auf beiden Seiten (in den PR-Abteilungen der Unternehmen und bei den Agenturen wie auch in den Redaktionen) mehr Frauen als Männer tätig sind und einen ganz ausgezeichneten Job machen.

Die Welt der Medienarbeit wird vielfältiger

An dieser Stelle möchte ich in Erinnerung rufen, dass strategische Unternehmenskommunikation nur funktioniert, wenn bei der Konzeption methodisch vorgegangen wird. Die Medienarbeit muss eingebettet sein in die Unternehmensstrategie und methodisch geplant werden. Ich habe das in meinem Buch „Profil durch PR" sehr ausführlich dargelegt und gehe deshalb hier nicht mehr näher darauf ein. Was mir wichtig ist, zu betonen: Medienarbeit ist nur eine Teilmenge der Öffentlichkeitsarbeit, wenngleich auch eine sehr wichtige. Und natürlich ist Medienarbeit integriert in die anderen Instrumente und Maßnahmen der PR.

Diese konzeptionellen Prämissen vorangestellt, werden wir nun die Welt der Medienarbeit bereisen. Ob Klassiker (die zum Teil auch völlig neu interpretiert werden müssen), oder neue Formen der Medienkommunikation: Nur jene Instrumente sind und bleiben brauchbar, die die Bedürfnisse der Journalisten und Online-Autoren erfüllen. Dabei sollten Sie die weiter vorne skizzierten Erfolgsfaktoren berücksichtigen. Es gibt kein Richtig oder Falsch bei den Maßnahmen der Medienarbeit. Letztlich müssen Sie die Bedürfnisse Ihrer Informationsabnehmer im Auge haben. Der Schweizer Kommunikationsberater Marcel Bernet formuliert das so: „Aus dem Dreiklang von persönlich, schriftlich oder elektronisch bevorzugen Medienschaffende von Fall zu Fall den stimmigsten Kanal."[27] Vergessen Sie dabei Traditionen. Sie wurden verändert, und sie werden sich in nächster Zukunft noch einmal dramatisch verändern. Vieles gilt heute nicht mehr, was noch vor wenigen Jahren in jedem Lehrbuch gestanden hat. Die neue Medienarbeit ist vielfältiger als vor einigen Jahren, und sie ist durch die neuen Medien dialogischer geworden. Denn alles, was sich im Internet abspielt, kann ganz schnell beantwortet werden, auf Zuspruch oder Widerspruch stoßen. Ob Sie wollen oder nicht: Jede Information steht auf dem Prüfstand der öffentlichen Meinung.

Das Institut für Angewandte Medienwissenschaft in Zürich nimmt seit Jahren die Internet-Nutzung von Journalisten unter die Lupe: „Die drei wichtigsten journalistischen Nutzungsziele bleiben das Auffinden von Informationen zu einem Thema, das Überprüfen von Fakten und das Suchen ersten Inputs für einen Artikel."[28] E-Mail und Suchmaschinen liegen laut dieser Befragung mit über 98 Prozent Nennungen als „wichtig oder sehr wichtig" als bedeutendste Online-Werkzeuge vorne.

---

27 Marcel Bernet: Medienarbeit im Netz. Von E-Mail bis Weblog: Mehr Erfolg mit Online-PR. Zürich 2006, S. 15.

28 Das Institut für Angewandte Medienforschung führt diese Analysen seit einigen Jahren durch. Interessant ist die Rasanz, mit der sich das Internet in der Medienarbeit bemerkbar macht. Siehe dazu Guido Keel/Marcel Bernet: IAM-Bernet Studie Journalisten im Internet. Eine repräsentative Befragung von Schweizer Medienschaffenden zum beruflichen Umgang mit dem Internet: http://www.zhaw.ch/nc/de/, Juli 2009

An dritter Stelle kommen Internet-Seiten von Verwaltungen und die Online-Ausgaben anderer Medien. Auf Platz fünf liegt die Online-Enzyklopädie Wikipedia. Einige weitere interssante Ergebnisse: Soziale Netzwerke wurden 2009 erstmals abgefragt und wurden schon von jedem fünften Schweizer Journalisten für wichtig erachtet. Blogs haben dagegen an Bedeutung verloren und werden nur noch von 12 Prozent der Befragten beobachtet.

Webseiten von Unternehmen kommen auf 63 Prozent Nennungen. Die Schweizer Untersuchung registriert hier aber ein Minus von 15 Prozentpunkten. Ob das auch in anderen deutschsprachigen Ländern vergleichbar ist, kann hier mangels empirischer Untersuchungen nicht gesagt werden, es spricht aber einiges dafür, dass langweilig und nebenbei gemachte Internetauftritte nur noch ignoriert werden.

Insgesamt fällt die Beurteilung der Anstrengungen von Unternehmen, einen Dialog mit Kunden und Medien über das Internet aufzunehmen, eher dürftig aus. „Selbst bei der Gestaltung und Usability weisen die Präsentationen kleinerer und mittlerer Dienstleistungsunternehmen und Industriebetriebe geradezu absurde Mängel auf. Die meisten hinken der allgemeinen Entwicklung um Jahre hinterher."[29]

Über eine Billion (!) URLs werden von Google indiziert. Darunter findet sich viel Müll und ebenso Unmengen an altem Käse, der längst entsorgt hätte werden sollen. Das beklagt der österreichische Fernsehjournalist Gerald Gross in einer lesenswerten medienkritischen Streitschrift.[30] Gefunden zu werden ist mithin eine ganz wesentliche Voraussetzung für den Erfolg.

Damit die Medienmitteilungen von mehr Menschen gelesen werden, gilt es, deren Überschriften für Suchmaschinen zu optimieren und die wichtigsten Suchworte in den ersten Zeilen des Textes unterzubringen. Zum Standard sollte auch gehören, dass die Inhalte mit „Tags" versehen werden. Auf diese Themen gehe ich weiter unten noch näher ein.

Natürlich muss Medienarbeit im Internet den Grundprinzipien der PR folgen, die Marcel Bernet in drei Dimensionen aufteilt: Inhalt, Transfer und Vertrauen.[31]

▶ Beim Inhalt kommt es auf Wahrheit, Klarheit und Individualität an. Das heißt: Erfolgreich sind nur ehrliche Aussagen, auch in schwierigen Zeiten, leicht verständliche, konzise und auf die Medienschaffenden abgestimmte Inhalte. Diese können auch besser individuelle Informationsbedürfnisse erfüllen und nach tatsächlichem Bedarf verteilt werden.

---

29   Schulz-Bruhdoel/Bechtel (2009), S. 83.
30   Gerald Gross: Wir kommunizieren uns zu Tode. Überleben im digitalen Dschungel. Wien 2008.
31   Bernet (2006), S. 33 ff.

▶ Beim Transfer verlangt das Internet direkte, schnelle und selektive Verfügbarkeit: Sie müssen also beim richtigen Adressaten ankommen, sofort online und natürlich auch immer aktuell abrufbar sein.

▶ Vertrauen bedeutet Kontinuität, persönlichen Dialog und klare Absender: Hier hat sich über die Jahre wenig verändert. Öffentlichkeitsarbeit war immer schon langfristig und strategisch ausgerüstet, basiert auf gegenseitiger Kenntnis der handelnden Personen und funktioniert am besten, wenn die Dialogpartner sich kennen (und auch deklarieren). Das ist vor allem ein Thema bei Weblogs, in Foren und Online-Gruppierungen. Es überkommt einen immer ein eigentümliches Gefühl, wenn auf den Medienseiten massenweise Post-its[32] zu lesen sind, die ihre Identität nur dem Medium gegenüber deklarieren, sich aber hinter „Besserwisser", „CaveCanem" oder „gutartiger Bösmensch" verstecken. In der Neuen Züricher Zeitung müssen sich übrigens die Poster mit Vor- und Zunamen deklarieren, das erscheint mir eine viel ehrlichere Lösung als das Verschanzen hinter Pseudonymen.

---

32 Ein Posting ist ein Kommentar eines Hörers, Lesers oder Sehers zu einem Beitrag in einem Newsforum. Interessant sind für uns hier vor allem die Foren der Medien. Aus rechtlichen Gründen müssen sich die Poster mit der vollen Identität anmelden, geben ihre Stellungnahme dann aber unter einem Alias-Namen ab. Derartige Leserforen bieten praktisch alle wichtigen Medien an. siehe z.B. www.spiegel.de, www.faz.net, www.orf.at, www.derstandard.at oder www.nzz.ch. Eine interessante Spezialform wählt der Schweizer Rundfunk www.drs.ch, der nur ausgewählte Themen zur Diskussion zulässt. Für Unternehmen ist die Zahl der Post-its ein Indikator dafür, ob ein Thema für eine längere Karriere geeignet ist.

3. Der Globus der Unternehmenskommunikation

Der Mensch ist ein optisch fixiertes Wesen. Bilder bleiben leichter im Kopf hängen als Worte. Deshalb möchte ich am Anfang eine Impression schaffen, die Orientierung gibt auf dem Weg durch dieses Buch. Ich habe dazu auf ein geläufiges Bild zurückgegriffen, nämlich einen Globus.

Abbildung 5: Globus der Unternehmenskommunikation

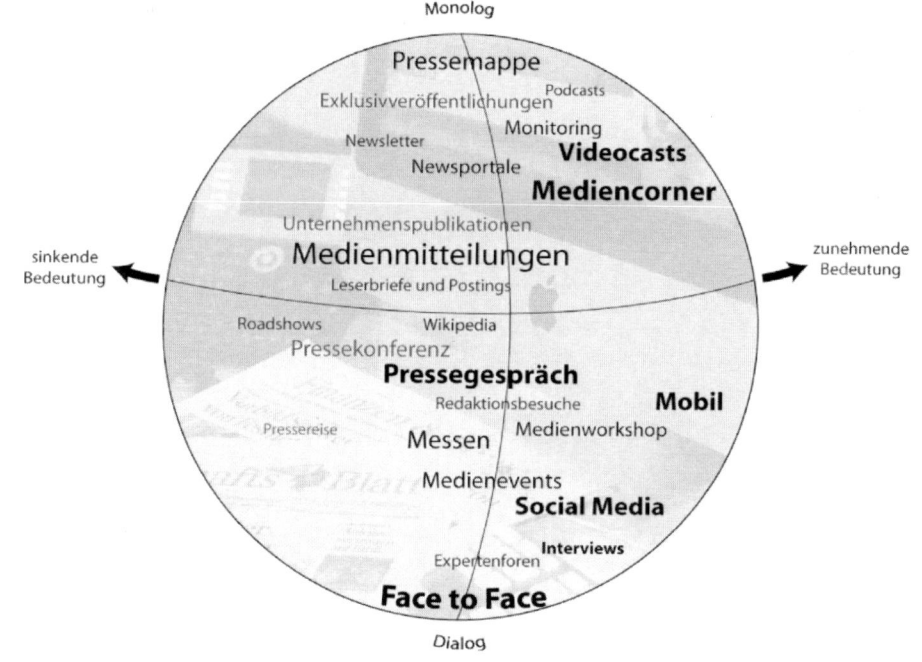

Auf der Weltkugel gibt es Längen und Breitengrade. Der Nullmeridian ist ein vom Nordpol zum Südpol verlaufender Halbkreis, der seit 1884 durch das Royal Greenwich Observatory verläuft. In unserer Abbildung gibt es einen „Bedeutungsmeridian", der nicht durch London verläuft, sondern unsere Kommunikationswelt in Wichtiges und weniger Wichtiges trennt. Was auf diesem Meridian liegt, hat gegenwärtig große Bedeutung. Rechts davon, wenn Sie so wollen: Im Osten finden sich Tools, die künftig wichtiger werden, nach Westen solche, die verlieren werden.

Auf unserem Globus gibt es auch einen Äquator. Von oben nach unten oder Nord nach Süd steigt der Grad der Dialogorientierung: Ganz oben im Norden sind die Maßnahmen, die eher monologisch, und vor allem informationsvermittelnd sind, unten die eher dialogischen, in der Mitte jene mit Feedbackschleife.

Die einzelnen Maßnahmen, die in diesem Buch vorgestellt werden, habe ich in der heute sehr gebräuchlichen Form von Tagclouds dargestellt. Was besonders häufig und erfolgreich verwendet wird, ist fetter und größer dargestellt, weniger Wichtiges in kleineren Lettern und magerem Schriftschnitt. Natürlich lässt diese von mir vorgenommene Einteilung Raum für Diskussionen und Widerspruch, aber genau das ist erwünscht.

Meine Darlegungen sind auch ein wenig so ausgefallen wie in einem Reiseführer: Dort stehen am Anfang die Kurzdarstellung von Land und Leuten und die Geschichte. Wer schon einmal dort war, kann diese Einführung getrost überspringen. Danach kommen die Details für diejenigen, die sich länger dort aufhalten wollen und zuletzt noch ausgewählte Beispiele, die verdeutlichen, was „State of the Art" ist. Am Anfang jedes Abschnittes wage ich den Versuch, die einzelnen Instrumente nach ihrer Praktikabilität und ihrem künftigen Entwicklungspotenzial aus Sicht des Unternehmens und der Medien zu beurteilen. Danach kommt die Beschreibung der Maßnahme inklusive Praxistipps zur Umsetzung. Abschließend gibt es dann noch einige Best Practice-Beispiele. Begeben wir uns also gemeinsam auf die Reise über den Globus vom Norden der informationsorientierten Mittel bis zum Süden der dialogorientierten Mittel der Medienarbeit.

3.1 Pressemappe: Hintergrundwissen für den schnellen Überblick

Bewertung[33]

Unternehmen		Medium	
Bedeutung	++	Bedeutung	+
Aufwand/Praktikabilität	O	Aufwand/Praktikabilität	++
Dialogorientierung	O	Dialogorientierung	O
Zukunftsentwicklung	O	Zukunftsentwicklung	O
Online-Tauglichkeit	++	Online-Tauglichkeit	++

Journalisten oder Online-Autoren, die eine Information suchen, wollen rasch und auf einen Blick eine Antwort erhalten. Deshalb benötigen Sie eine Pressemappe. Sie kommt immer dann zum Einsatz, wenn Sie mit einem Journalisten erstmals oder nach längerer Zeit wieder einmal in Kontakt treten. Übergeben Sie dann diese Pressemappe als Zusatzinformation zum aktuellen Gesprächsthema. In der Regel wird eine derartige Information in den Redaktionen ins Archiv gegeben und bei Recherchebedarf wieder hervorgeholt.

In diesem etwas umfänglicheren Werk steht alles, was es über ihr Unternehmen Interessantes zu erzählen gibt. Geschrieben wird diese Pressemappe wie ein Informationsmemorandum. Während der Schreibstil sachlich sein sollte, können Sie bei der Gestaltung ruhig etwas mehr Aufwand betreiben, ohne dabei zu übertreiben. Schließlich ist die Pressemappe ja so etwas wie ein Aushängeschild Ihrer Medienarbeit. Text- und Bildelemente sollten Sie zu einem Booklet binden. Dazu geben Sie noch eine CD-Rom, auf der Sie Texte, Fotos, Grafiken und allenfalls Druckwerke wie den Geschäftsbericht oder eine Imagebroschüre abspeichern. Diese Werke können Sie natürlich auch auf Papier in die Pressemappe legen.

Treiben Sie keine „Materialschlacht". Stefan Brunn formulierte das vor Jahren sehr drastisch: „Die meisten Pressemappen sind reiner Müll." „Die inhaltliche Irrelevanz mit aufgedonnerten Pressemappen übertünchen zu wollen, ist ein Kurzschluss. Die Ambivalenz zwischen Aufwändigkeit und Nachrichtenwert kann man auf Dauer nicht kaschieren. Zumal dann nicht, wenn Unternehmen einerseits die Umweltverträglichkeit ihrer verwendeten Materialien ... preisen und sich anderer-

---

33 ++ = sehr positiv bzw. wichtig, + = positiv bzw. wichtig, O = neutral bzw. gleichbleibend - = negativ bzw. rückläufig in der Bedeutung -- = sehr negativ bzw. nicht mehr relevant

seits mit Pressemappen erwischen lassen, die die eigene Öko-PR aufs Lächerlichste konterkarieren. Das ist dann für die Journalisten eine Chance zum Abwatschen, die sie garantiert nicht wegwerfen."[34]

Die Pressemappe selbst enthält unter anderem einen Hintergrundtext über die Geschichte, Angaben zu den aktuellen Fakten und Geschäftszahlen, Informationen zu den vom Unternehmen erstellten Produkten und Dienstleistungen, über die Mitarbeiter und deren Ausbildung, Lebensläufe der wichtigsten Personen im Unternehmen (Vorstand oder Geschäftsführung, eventuell auch einzelne Bereichsleiter). Spezialthemen wie Corporate Social Responsibility, Nachhaltigkeit in der Produktion oder Sponsoringaktivitäten finden hier ebenso Raum wie Grafiken, ein Datenblatt mit allen wichtigen Fakten vom Umsatz über die Mitarbeiterzahl bis zum Marktanteil.

Bieten Sie auch passendes Fotomaterial zu den einzelnen Kapiteln an. Sehr gefragt sind auch Themen, die über den Tellerrand Ihres Unternehmens hinausgehen. So zum Beispiel interessiert natürlich Ihr Wissen über den Markt, in dem Sie tätig sind. Vergessen Sie auch nicht, eine Kontaktadresse anzuführen, über die rasch und zuverlässig weitere Informationen erhältlich sind.

Die beigefügte Presse-CD mit den beschriebenen Inhalten ist mit einer Benutzeroberfläche versehen. Die Benutzeroberfläche ist häufig in HTML geschrieben, was eine Navigation wie im Internet ermöglicht.

Durch die Kombination der Benutzeroberfläche mit einer Vielzahl an Daten bietet sich die Presse-CD sehr gut an, um den Journalisten ein umfassendes und nachhaltiges Bild des Unternehmens zu vermitteln. Im Gegensatz zur Pressemappe ist sie trotz größerem Informationsumfang kleiner, handlicher und einfacher weiterzuverarbeiten. Der Redakteur kann sogar durch Hyperlinks direkt auf Informationen im Internet zugreifen.

Da Texte, Bilder und sonstige Daten bereits digital vorhanden sind, können sie ohne Weiteres in den Arbeitsfluss der Redaktionen übernommen werden. Der vorhandene Platz erlaubt es, zusätzlich auch multimediale Daten wie Videos, Animationen und Aufnahmen anzubieten.

Nachteilig ist, dass die Presse-CD nicht sofort benutzt werden kann, da der Redakteur einen PC benötigt, um an die Inhalte heranzukommen. Auch wenn Notebooks weit verbreitet sind – es ist immer noch einfacher, sich eine Pressemappe zu nehmen und ein wenig zu blättern, um Informationen zu bekommen. Von Vorteil

---

34 Stefan Brunn: Trash-PR und PR-Trash. Eine kleine Analyse ökologischer Schwachstelllen von Pressemappen. In: PR-Forum 1998/2, S. 80-82.

ist, dass keine Informationen durch Dritte unkontrolliert aus der Presse-CD entfernt werden können, was sich bei Pressemappen nicht verhindern lässt.

Auf eine handelsübliche CD passen 700 MB. Das sind je nach Textlänge, -art und -aufbau weit über 10.000 DIN-A4-Seiten. Eine CD ist handlich und dadurch einfacher zu transportieren und zu lagern. Eine Presse-CD wiegt mit Verpackung und vollständiger Beschriftung in der Regel nicht mehr als 100 g. Dieser Punkt ist besonders auf Messen zu beachten, da niemand gerne unnötigen Ballast mit sich führt.

Die Pressemappe ist ein sehr „lebendiges" Produkt, das zumindest einmal jährlich vollständig überarbeitet werden muss. Während des Jahres können und müssen Änderungen und Ergänzungen vorgenommen werden. Kommt zum Beispiel ein neuer Standort hinzu, dann gibt es dazu eine eigene Information, Gleiches passiert bei neuen Produkten oder Dienstleistungen.

Natürlich ist die Pressemappe auch online abrufbar und bildet damit das Gerüst für den Online-Mediencorner. Ganz nebenbei ein Hinweis, der häufig übersehen wird: Die Pressemappe kann auch als Instrument der internen Kommunikation verwendet werden. Viele Unternehmen nutzen dieses Werk, um es neu eintretenden Mitarbeitern in die Hand zu geben mit dem Hinweis, das seien die Fakten, über die ganz offiziell mit Jedermann gesprochen werden kann. Die Mitarbeiter erhalten so nicht nur Orientierung, sondern auch Grenzen der Kommunikation nach außen aufgezeigt.

➕ BEISPIELE AUS DER PRAXIS:

Wenn Sie sich einen Überblick verschaffen möchten, was Unternehmen in die Basispressemappen hineinpacken, sollten Sie einmal bei einer großen Messe, die für Sie interessant ist, in das dortige Pressezentrum gehen und sich ansehen, wie sich Ihre Branchenkollegen dort präsentieren. Beispiele für gute Pressemappen finden Sie auch im Mediencorner einer Reihe von Unternehmen. Sie sollten sich genau anschauen, was Ihre Marktbegleiter machen. Wenn Sie über die eigene Branche hinausschauen, werden Sie sehr unterschiedliche Herangehensweisen an das Thema Pressemappe finden. Der Mobilfunkanbieter Hutchison 3G Austria stellt für die Medien beispielsweise unter www.drei.at verschiedene Unternehmenspräsentationen ins Netz, in denen allerdings sehr rasch die wichtigen Infos über die Entwicklung des Unternehmens und die handelnden Personen im Management gefunden werden können.

McDonald´s Österreich bietet auf der Homepage www.mcdonalds.at im Pressebereich mehrere Pressemappen zum Download an. Hier finden sich die Basispressemappe mit allen wichtigen Informationen über das Unternehmen sowie Pressemappen zu verschiedenen Schwerpunkten des Unternehmens. Auch Bildmaterial kann in diesem Bereich kostenlos heruntergeladen werden. Interessant ist auch der Vergleich innerhalb des Burger-Imperiums: Jedes Land tritt den Medien anders gegenüber, auch die Pressemappen schauen unterschiedlich aus.

Abbildung 6:   Pressemappe

© 2010 CROSSMEDIALE PRESSEARBEIT
QUELLE: ISOCELL/PLEON PUBLICO

Abbildung 6 zeigt, wie eine Pressemappe in gedruckter Form in der Regel aussehen sollte: Cover mit Beschreibung der Inhalte, einzelne Schwerpunkttexte, Tabellen, Lebensläufe, Fotoindex und Presse-CD mit allen Informationen sowie Bilder in hochauflösender Qualität.

3.2 Medienmitteilung: ihre Zeit ist bald vorbei

Bewertung

Unternehmen		Medium	
Bedeutung	++	Bedeutung	0
Aufwand/Praktikabilität	+	Aufwand/Praktikabilität	+
Dialogorientierung	–	Dialogorientierung	–
Zukunftsentwicklung	–	Zukunftsentwicklung	–
Online-Tauglichkeit	++	Online-Tauglichkeit	++

Das wichtigste Werkzeug der Medienarbeit ist und bleibt die Sprache. Vor rund 100 Jahren wurde erstmals mit Medien schriftlich informiert. Damals natürlich noch aufwändig und aus heutiger Sicht völlig unaktuell per Brief. Die Medienmitteilung (auch Presseaussendung oder Presseinformation genannt, obwohl sie sich längst nicht mehr nur an die Printmedien wendet) ermöglicht es, mit einem Thema gleichzeitig eine Reihe von Medien anzusprechen. Das ist ihre Stärke und zugleich ihre ganz große Schwäche. Weil gleichzeitig viele Medien angesprochen werden können und die Verbreitung via E-Mail auch keinen Aufwand darstellt (außer der Erstellung eines Verteilers und die Individualisierung der einzelnen Mails), wird dieses Instrument der Medienarbeit zunehmend missbraucht. Hunderte Journalisten werden gleichzeitig adressiert, ob sie was damit anfangen können oder nicht. Damit ist die hohe Zeit dieses Instrumentes, auf dem jahrzehntelang gespielt wurde, vorüber. Trotzdem fällt der vorliegende Abschnitt etwas umfangreicher aus; denn die schriftliche Formulierung von Mitteilungen an die Medien etwa in Pressemappen, schriftlichen Unterlagen bei Pressegesprächen usw., folgt immer den gleichen Regeln.

Zurück zur Medienmitteilung und ihrem Problem, der Reizüberflutung bei den Adressaten: Die Redaktionen werden zugemüllt und so werden Medienmitteilungen immer häufiger gelöscht, ehe sie noch gelesen wurden. Bis zu 200 Mails und mehr pro Tag landen im Account von Journalisten. Besonders Chefs vom Dienst kämpfen mit dem Informations-Overkill, der sie täglich einen erheblichen Teil der Arbeitszeit kostet, nur um die Spreu vom Weizen zu trennen. Im Regelfall sind binnen der ersten zehn Sekunden 80 Prozent der eingegangenen Texte im Papierkorb gelandet. Für die verbliebenen 20 Prozent (immer noch 40 Pressemeldungen!) stehen dann jeweils wieder ein paar Sekunden zur Verfügung. Spätestens nach einer Stunde muss der Redakteur die für ihn wichtigen und relevanten Meldungen aus dem täglichen Postberg aussortiert haben. Das sind dann meist etwa vier bis fünf Stück, die als Informationsquelle in Frage kommen. In diese enge Auswahl zu kommen, stellt hohe Anforderungen an die formale und inhaltliche Ausführung.

Ein zweites Manko, das Medienmitteilungen haben, liegt darin begründet, dass es keinen Sinn für die Empfänger macht, das Gleiche zu schreiben wie alle Mitbewerber. Denn das führt dazu, dass es kein Alleinstellungsmerkmal bei den redaktionellen Inhalten gibt. Medienmitteilungen werden aus diesem Grund zwar auch in Zukunft eine gewisse Rolle in der Fachmedienarbeit und in der Information regional erscheinender Tageszeitungen und Publikumszeitschriften spielen, aber bei Weitem nicht mehr die gleiche wie noch vor einigen Jahren.

Die Medienmitteilung wird auch von einer anderen Seite her zunehmend in ihrer Bedeutung reduziert: Online-Tools sind – der Neuauflage der Bernet-Studie über „Journalisten im Internet"[35] – aus dem Jahr 2009 entsprechend, inzwischen die wichtigsten Ideengeber für Artikel. Auch das macht das Leben der Schreiber von Medienmitteilungen nicht leichter.

Dazu kommt auch noch, dass viele Medienmitteilungen nicht nur an die Journalisten gesandt werden, sondern parallel dazu auch in Presseportalen, auf der eigenen Homepage und in Onlinepublikationen publiziert werden. Journalisten, die sich gerade für Ihr Unternehmen (weil es in der Branche oder der Region von besonderer Bedeutung ist oder in sein besonderes Interessensgebiet fällt), einen Google Alert eingerichtet haben, bekommen dann nicht nur Ihre Medienmitteilung, sondern gleich dazu auch noch ein paar Infos, wo die Meldung schon erschienen ist. In jüngster Zeit ist deshalb zu beobachten, dass einige Medien Unternehmensnachrichten nur noch in ihrer Onlineausgabe publizieren und nicht mehr in der gedruckten Ausgabe.

Erfolge mit Medienmitteilungen zu erzielen, wird also immer schwerer. Und wenn, dann auch nur, wenn entsprechendes „handwerkliches" Können vorhanden ist.[36] Damit kann die Wahrscheinlichkeit erhöht werden, überhaupt auf die Shortlist der Journalisten zu kommen. Auf einige wesentliche Punkte möchte ich im Folgenden näher eingehen.

---

35   Keel/Bernet (2009), www.iam.zhaw.ch
36   Anleitungen zum Schreiben von Medienmitteilungen gibt es am Büchermarkt einige. Aus jüngerer Zeit möchte ich hier stellvertretend die bereits zitierte Monographie von Viola Falkenberg erwähnen. Aus der Feder von Hans-Peter Förster stammt „Texten wie ein Profi: Ein Buch für Einsteiger und Könner. Mit über 5000 Wort-Ideen zum Nachschlagen!" Frankfurt am Mai, 9. Auflage 2007.

Überkommene Konventionen aus dem Bleizeitalter

Im deutschsprachigen Raum hat die PR insgesamt eine recht junge Geschichte und entwickelte sich in den Fünfziger- und Sechzigerjahren des vergangenen Jahrhunderts als eigenständige Disziplin. Die Medienmitteilung war von Anfang an auf die Usancen der Printmedien zugeschnitten: Sie musste wie eine Nachricht geschrieben werden, als „Veröffentlichungsvorschlag", den viele Medien auch als solchen aufgriffen.

Die Beachtung der Aufmerksamkeitskriterien ist eine Erfolgsvoraussetzung für Medienmitteilungen (das gilt im Übrigen für die Medienarbeit insgesamt). Neben den inhaltlichen Kriterien spielen aber auch formale Kriterien eine Rolle. Werden sie nicht berücksichtigt, tun sich Journalisten oft nicht die Mühe an, weiter zu lesen. Der Chef vom Dienst des ORF Salzburg, Karl Kern, pflegt in unseren gemeinsamen Medientrainings immer wieder darauf hinzuweisen, dass die eigentliche Macht der Journalisten nicht in der Manipulation von Nachrichten liegt (denn das könnte sehr einfach nachgewiesen werden), sondern im Ignorieren.

Überschrift für die linke und rechte Gehirnhälfte

Wie jeder Zeitungsartikel oder jeder Beitrag in einem elektronischen Medium lebt auch jede Medieninformation davon, dass eine prägnante Überschrift zum Weiterlesen animiert. Medieninformationen richten sich an Journalisten, die berufsbedingt sehr schlagzeilenorientiert selektieren. Dies sollten Sie auch bei der Formulierung der Überschrift Ihrer Medienmitteilungen bedenken. Im Titel sollte deshalb - ähnlich wie bei Überschriften in Qualitätszeitungen - das Wesentliche enthalten sein und zugleich zum Weiterlesen anregen. Wie bei Zeitungsartikeln ist auch hier der Telegrammstil erlaubt, bei dem Artikel und Verb weggelassen werden können. Die Überschrift ist die Einladung des Textes an den Leser - sie muss gleichzeitig informieren und locken. Sie enthält die Kernaussage des Artikels und regt zum Weiterlesen an. Nicht gefragt sind dabei „witzige Einfälle" oder boulevardeske Schlagworte. Unter- oder Überzeilen können verwendet werden, um zusätzliche Informationen augenfällig zu machen.

Der Titel einer Medienmitteilung hat heute - wie auch der eines Zeitungsartikels - eine ganz wesentliche zusätzliche Funktion: Er soll von den Internet-Suchmaschinen gefunden werden. Die New York Times hat das in dem wunderbaren und deshalb viel zitierten Titel „This Boring Headline is Written for Google" auf den Punkt gebracht.[37] Ich möchte Steve Lohr gerne ausführlicher zitieren, weil sein Ar-

---

37 http://www.nytimes.com/2006/04/09/weekinreview/09lohr.html

tikel ein sehr gut geschriebener Aufruf zum Aufstand der Intellektuellen gegen die Maschinen ist:

„Journalists over the years have assumed they were writing their headlines and articles for two audiences – fickle readers and nitpicking editors (=*wankelmütige Leser und Erbsen zählende Herausgeber*). Today, there is a third important arbiter of their work: the software programs that scour the Web, analyzing and ranking online news articles on behalf of Internet search engines like Google, Yahoo and MSN. The search-engine "bots" that crawl the Web are increasingly influential, de-livering 30 percent or more of the traffic on some newspaper, magazine or televisi-on news Web sites. And traffic means readers and advertisers, at a time when the mainstream media is desperately trying to make a living on the Web. So news orga-nizations large and small have begun experimenting with tweaking their Web sites for better search engine results. But software bots are not your ordinary readers: They are blazingly fast yet numbingly literal-minded. There are no algorithms for wit, irony, humor or stylish writing. The software is a logical, sequential, left-brain reader, while humans are often right brain."

Bei aller Google-Hörigkeit, die heute vielerorts herrscht, sollten Sie sich nicht scheuen, Menschen aus Fleisch und Blut als Empfänger Ihrer Botschaft zu orten, deren rechte Gehirnhälfte noch nicht völlig verkümmert ist.

Gestaltungsregeln

Bei der grafischen Aufbereitung der Medienmitteilung sind Sie natürlich frei. Sinnvoll ist es natürlich, das Corporate Design Ihres Unternehmens zu verwenden. Unabhängig davon, was Ihre CI-Richtlinien vorschreiben, müssen Sie auf Konven-tionen Rücksicht nehmen, die im Zeitalter der herkömmlichen Presseaussendung auf Papier galten, nicht zuletzt auch deshalb, weil ja bei Pressekonferenzen, auf Messen oder im persönlichen Gespräch mit einem einzelnen Journalisten gedruck-te Pressemappen oder Medienmitteilungen zur Verfügung gestellt werden. Wenn Sie internationale Medienarbeit betreiben, sollten Sie auch die medienkulturel-len Unterschiede beachten. In Frankreich sind Hochglanzmaterialien en vogue, in Großbritannien dagegen gar nicht.[38]

Die Regel, einen etwas breiteren Rand und einen größeren „Durchschuss" zwi-schen den Zeilen zu lassen, stammt wie viele andere formale Kriterien aus dem „Bleizeitalter" des Zeitungsgewerbes. Viele Meldungen wurden von den Journa-listen damals nur handschriftlich bearbeitet. Der breite Rand diente den Anwei-

---

38 Ausführlich dazu: Viola Falkenberg: Pressemitteilungen schreiben. Frankfurt am Main 2008, S. 61 ff.

sungen für den Drucker, welche Schrifttypen, -größen und Durchschüsse er zu verwenden hatte. In die weiten Zeilenzwischenräume wurden textliche Korrekturen eingefügt. Auf die „Bleizeit" geht auch die Vorschrift zurück, dass Medienmitteilungen nur einseitig bedruckt werden durften. Die Papierblätter wurden von den Setzern in eine Halterung eingespannt, die zumeist durch die in früheren Druckereien vorhandene „bleihältige" Luft einen leichten Schmutzfilm aufwiesen. Die Rückseite wäre nach dem Setzen des Textes meist nur noch schwer lesbar gewesen. Diese Vorgaben sind heute nur noch Nostalgie. Texte oder Textteile werden heute aus der E-Mail kopiert, in das Redaktionssystem eingefügt und anschließend bearbeitet.

Veröffentlichungsvorschlag gedacht für die Zeitung

Inhaltlich muss nach den überkommenen Konventionen aus der Bleizeit die Medienmitteilung der klassischen Zeitungsmeldung entsprechen. Das heißt, dass sie so zu formulieren ist, als wäre sie für den unmittelbaren Abdruck gedacht. Jede Medienmitteilung ist ein „Veröffentlichungsvorschlag", der ohne Veränderungen von der Zeitung übernehmbar sein sollte. Die meisten Medieninformationen kommen noch immer sehr traditionell daher. Im Folgenden werde ich auf Versuche eingehen, Medienmitteilung interaktiver, Online-tauglich und damit auch dialogischer zu gestalten. Aber kehren wir zunächst zum Konventionellen zurück.

Abbildung 7: Medienmitteilung

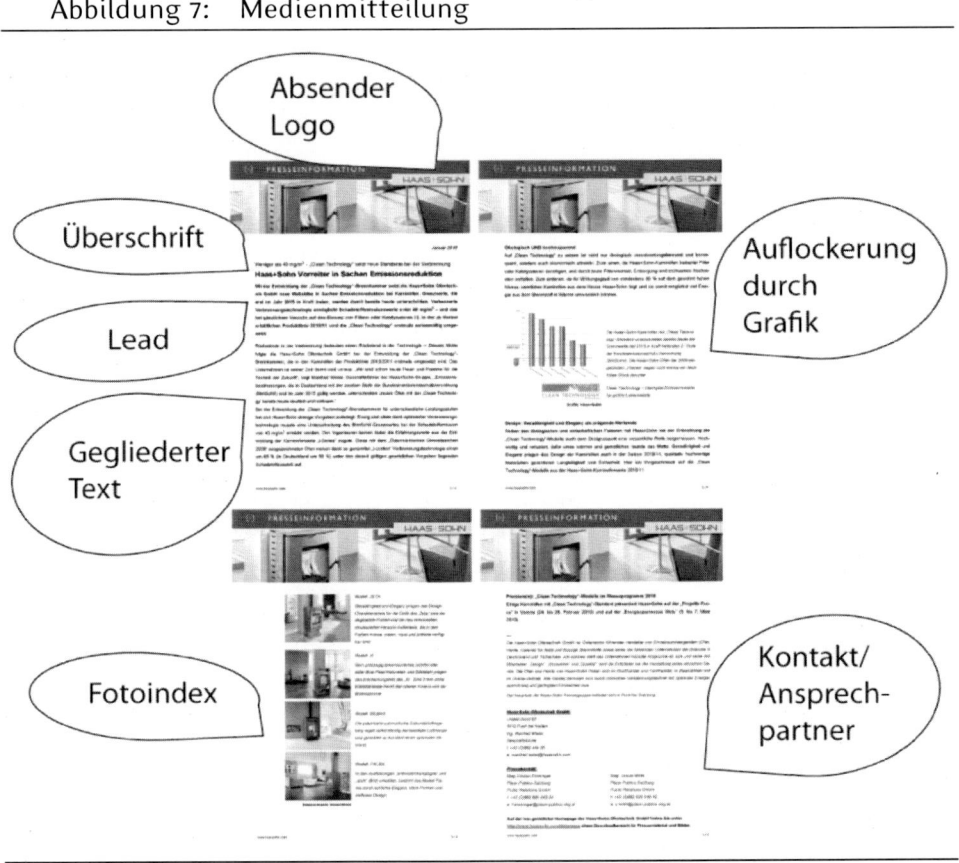

QUELLE: HAAS&SOHN/PLEON PUBLICO

Die Abbildung 7 zeigt, wie eine Medienmitteilung aussehen soll: klarer Absender mit Logo und Ansprechpartner, aussagekräftige Überschrift, Vorspann (Lead), gegliederter Text, übersichtliche Information und am Schluss ein Fotoindex, der rasch einen Überblick gibt, wie die Geschichte zu illustrieren wäre.

Leser in den Text hineinziehen

Bei längeren Medienmitteilungen wird die Kerninformation üblicherweise in einem Vorspann zusammengefasst. Mit wenigen Worten soll der Vorspann den Leser in den Text hineinziehen. „Wenn die ersten Sätze den Leser nicht fesseln, ist er für den Text verloren."[39] Das wissen inzwischen auch die Printmedien aus leidvollen Selbstversuchen, den sogenannten Readerscans. Dabei werden ausgewählten Abonnenten elektronische Lesestifte in die Hand gedrückt. Der Scanner notiert brav mit, an welcher Stelle das Interesse erschlafft und deshalb mit dem Lesen aufgehört wird. Die Analytiker wissen also ganz genau, was die Konsumenten für würdig empfinden, gedruckt und geistig aufgenommen zu werden. Ganze Redaktionskonzepte wurden aus diesem Grunde über den Haufen geworfen. Die Verfasser der Artikel wissen um das Interesse ihrer Leser – oder sollten es zumindest wissen. Das ist sozusagen die Schere im Kopf der Journalisten, die sofort den Kontakt abschneidet, wenn eine Information für Leser, Hörer und Seher des jeweiligen Mediums uninteressant ist. Wenn das passiert, haben Sie mit Ihrer Mitteilung keine Chance, zum Endverbraucher durchzudringen.

Zuerst zum Höhepunkt, dann zum Entbehrlichen

Der artikelgerechte Aufbau sagt auch, dass die Information gleich in den ersten Sätzen die sechs „W" zu enthalten hat: „Wer, was, wann, wo, wie und warum". Die Amerikaner nennen diesen Aufbau auch „Climax-first-structure". Anders also als beim sogenannten „Besinnungsaufsatz" – auch bekannt als „freie Erörterung" – den wir alle in der Schule zu schreiben hatten, wird nicht erst durch eine Einleitung auf das Thema hingeführt und dann langsam der „Höhepunkt" der Geschichte angepeilt, sondern wir fallen gleich „mit der Tür ins Haus".

Die weiteren Informationen sind danach nach der Rangfolge der Wichtigkeit, Logik und Klarheit der Aussage zu formulieren. Nach wie vor gilt die Regel, dass jede Presseinformation von hinten her so kürzbar sein muss, dass auch der gekürzte Text noch verständlich ist. Im Klartext: Selbst wenn nur die beiden ersten Sätze übrig bleiben, muss der Leser die wichtigsten Informationen erhalten. Auch diese Regel der „unbesehenen" Kürzbarkeit jeder Zeitungsmeldung von hinten nach vorne stammt aus den Zeiten des Bleisatzes. Beim Umbruch mussten meist einige Absätze gestrichen werden, was damals bedeutete, dass der Metteur einige Bleizeilen herausnahm und wegwarf. Da der Satz spiegelverkehrt vorlag, wäre es viel zu mühsam gewesen, jedes Wort zu lesen. (Besser gesagt, lag das damals einfach unter der

---

39 Schneider, Wolf (2006), S. 225.

Würde der fast mittelalterlich anmutenden Druckerzunft). Metteur und Umbruch-
redakteur verließen sich einfach darauf, dass am Schluss eines Artikels nicht die
Hauptinformation stand.

Die Herausforderung der Aktualität

Viele Medienmitteilungen von Unternehmen sind proaktiv geschrieben, werden
also im Hinblick auf Ereignisse, Aktivitäten oder Ergebnisse verfasst, die voraus-
sehbar sind. In diesen Fällen ist Aktualität kein Stolperstein. Anders sieht es aus,
wenn endogene Faktoren wirken, also Unvorhergesehenes auftritt. Dann erweist
sich die Professionalität Ihrer Medienarbeit. Informationen oder Stellungnahmen
zu Ereignissen, die mehrere Tage zurückliegen, sind veraltet und wandern in den
Papierkorb. Was vorige Woche geschah, ist „abgefrühstückt". Im Krisenfall gilt
das, was Michail Gorbatschow einst der DDR-Führung ins Poesiealbum geschrieben hat: „Wer zu spät kommt, den bestraft das Leben."

Zusammenhänge verständlich erklären

Medienmitteilungen sind keine wissenschaftlichen Arbeiten und Sie müssen damit auch nicht beweisen, dass Sie Fachchinesisch verstehen und sprechen.
Grundsätzlich sollte nichts als bekannt vorausgesetzt, sondern alles kurz in den
notwendigen Erklärungszusammenhang gestellt werden. Verweise auf andere,
eventuell vorausgegangene Medienmitteilungen dürfen nicht dazu führen, dass
der Text ohne diese Information unverständlich wird.

Die Mitteilung sollte sachlich informieren, keinesfalls aber werblichen Charakter haben. Superlative und andere Formen eitler Selbstinszenierung können getrost unterbleiben. Versuchen Sie, möglichst objektiv zu bleiben. Wertungen haben
in Meldungen, Berichten, Interviews etc. grundsätzlich nichts verloren. Die persönliche Meinung hat ihren Platz in Kommentaren, Glossen und Leitartikeln.

Zitate machen den Text bunt. Wechseln Sie zwischen direkten Zitaten und indi-
rekter Rede. Zitieren Sie korrekt und ordnen Sie das Zitat dem Sprecher zu. Personen haben Namen, Funktionen im Unternehmen – einige tragen akademische Titel.
Wichtig ist, den Namen einer Person vollständig und korrekt anzuführen. Falsch
geschriebene Namen fallen auf. Nichts kann der Leser leichter überprüfen, als die
korrekte Schreibweise eines Namens.

Titel, Vor- und Nachnamen nennen, nicht bloß „Herr oder Frau X". Generell gilt: In Medienmitteilungen gibt es keine Herren und Frauen als Anreden. Wenn es für den Inhalt Ihres Textes eine Rolle spielt, dann nennen Sie auch die berufliche Funktion der Person.

Bei kopflastigen Themen fühlen sich Unternehmen wohl

Ich habe mir die Pressecorner Hunderter deutschsprachiger Unternehmen angesehen und sie nach Zahl und Inhalt analysiert. Was den Inhalt betrifft, so sind die Presseinformationen deutschsprachiger Unternehmen stark kopflastig. In der Welt der Daten und Fakten fühlen sich die PR-Verantwortlichen sowie deren CEOs wohl. Deshalb befassen sich Medienmitteilungen in erster Linie mit klassischen Unternehmens- und Produktinformationen (der Rest kommuniziert Events und Personalien) und werden im Schnitt ein- bis zweimal pro Monat versandt. Nur große Unternehmen kommen auf mehr als 100 Presseinformationen im Jahr.[40]

Weniger Kopf und mehr Bauch täte mancher Meldung gut. Würde es mehr „menscheln", täte das nicht nur dem Sympathiefaktor gut, die Texte würden für die Redaktionen auch interessanter, informativer und lesefreundlicher. Das communication-college[41] stellt in der nachfolgenden Checkliste deshalb auch die Vorstellung von Menschen hinter den Firmen ganz an den Anfang.

Das macht Medienmitteilungen und Presse-Texte erfolgreich

✓ Die Menschen hinter und in den Firmen und Neuentwicklungen vorstellen	➜ Personalisierte Geschichten sind die besseren Geschichten
✓ Fotos und Grafiken aller Art, einschließlich Flussdiagramme und Netzpläne	➜ jede Form von Optik zieht Leser in Texte hinein
✓ Texttabellen (Unternehmen, Produkte, Methoden im Vergleich)	➜ vertiefende Information ist wichtig
✓ Tabellen (Konditionsvergleich, Wirtschaftsdaten, Unternehmens- und Branchenzahlen)	➜ stellt komplexe Zusammenhänge dar
✓ Checklisten (Fragen und Antworten, Fallgruppen)	➜ nutzen dem Leser

---

40 Zum Thema Issues siehe Wolfgang Immerschitt: Profil durch PR. Wiesbaden 2009, S. 89-96.
41 http://www.communication-college.org

Das macht Medienmitteilungen und Presse-Texte erfolgreich

✓ Textkästen (Interviews, Expertenrat auch in Frageform, Umfrageergebnisse, Gesetzestexte mit Interpretation, pro und contra, Fallstudien, Beispielfälle, konkrete Ratschläge, Links)	→ helfen, Themen zu portionieren und leserfreundlich aufzubereiten
✓ Anschriftenverzeichnis	→ steigert den Nutzwert
✓ Screenshots	→ bringen zeitgemäße Optik
✓ Weiterführende Links	→ geben Hilfe, tiefer einzusteigen, signalisieren Internet-Kompetenz
✓ Literaturhinweise	→ steigern die Kompetenzanmutung

Plädoyer für unbedarfte Probeleser und gegen Sprachverwirrung

Wenn Sie eine Medienmitteilung geschrieben haben, lassen Sie sie von jemandem lesen, der nicht vom Fach ist. Je unbedarfter und vom Thema unbeleckter Ihr Proband ist, desto besser. Sie können dabei ein einfaches Hilfsmittel anwenden, das Zeitungen bei der Aktion „Schüler lesen Zeitung" anwenden: Geben Sie Ihrem Probeleser einen Rotstift in die Hand, mit dem er alle Wörter anzeichnen soll, die er nicht versteht. Sie werden sich wundern, wie bunt Ihre Texte sein können! Deshalb: Fachausdrücke sparsam verwenden und wenn, dann kurz erklären; gegebenenfalls gesondert ausführlicher erläutern – hier bieten sich Infoboxen an.

Ärgern Sie Ihre Leser nicht mit unnötigen Fremdwörtern. Fremdwörter sind angebracht, wenn sie treffender sind als die deutschen Entsprechungen. In der Regel verstehen die Menschen sie aber nicht. Davon lebt zum Beispiel eine Show wie „Wer wird Millionär?" Anglizismen in der Werbung sind deutschsprachigen Konsumenten nicht nur oft unverständlich, sondern lassen sie auch kalt. Das hat die Dortmunder Statistikerin Isabel Kick[42] in ihrer Diplomarbeit herausgefunden, die in den Medien sehr häufig zitiert wurde. Douglas hat seinen Werbespruch „Come in and find out" gleich eingestampft, nachdem fast alle Konsumenten meinten, sie sollten reinkommen und dann irgendwie wieder rausfinden. Noch peinlicher: SAT1

---

[42] Eine Zusammenfassung mit den wichtigsten Ergebnissen können Sie als Abstract auf der Webseite der Technischen Universität Dortmund nachlesen: http://www.tu-dortmund.de/mundo/ausgaben/3/beitrag3.htm

war einst „powered by emotion", was die Befragten mit „Kraft durch Freude" übersetzten. Der Spruch war ganz schnell verschwunden. Der Werbespruch von Mitsubishi „Drive alive" wurde mit „Die Fahrt überleben" übersetzt. Der Spruch wäre bei der nächsten Mega-Rückrufaktion in der Branche durchaus recyclingfähig.

Mindestens so viele Irrtümer wie durch Fach- und Fremdworte, die zumeist als Anglizismen daherkommen, entstehen durch die Abkürzungswut. Machen wir es ganz einfach: ABC. Natürlich, das Alphabet ist damit gemeint. Wirklich? In Wikipedia finden Sie als ersten Eintrag, wenn Sie nach ABC fragen, die All British Engine Company. Oder ist vielleicht das amerikanische TV-Network gemeint? Wenn Sie nicht gerade zu den Handy-Stenographen gehören, die selbst bedeutungsvollere Informationen aus dem Kreissaal mit der lapidaren „Duwipa" verbreiten, sollten Sie ein wenig Zeit darauf verwenden, sich verständlich zu machen. Falls Sie wider Erwarten nicht wissen, was „Duwipa" heißt, hier die Übersetzung: „Ich bin gerade im Kreißsaal eingetroffen und habe die frohe Botschaft für dich: ‚Du wirst Papa'". Ein Mittel gegen das organisierte Missverständnis: Schreiben Sie Namen und Begriffe bei ihrer ersten Nennung aus und setzen Sie das Kürzel in Klammern. Danach können Sie das Kürzel verwenden.

Fassen Sie sich kurz, denn kurze Sätze sind leichter verständlich. Als Faustregel gilt: Sätze bis zu 18 Wörtern gelten als leicht verständlich. Jenseits der 25 Wörter beginnt die Unverständlichkeit, mehr als 40 Wörter verhindern faktisch das Verständnis beim ersten Lesen. Doch: Immer nur kurze Sätze, das funktioniert auch nicht. Das Optimum an eingängigem und zugleich attraktivem Deutsch entsteht durch einen lebhaften Wechsel von mäßig kurzen und mäßig langen Sätzen.

Die kurzen Wörter sind die kräftigsten. Denken Sie etwa an Hass, Zorn, Wut. Wörter wie Problemstellung und Ablauforganisation sind Silbenberge und Wortungetüme. Für schallendes Gelächter sorgte einst ein Politiker, der einen Gehweg zwischen zwei Gebäuden zur „fußläufigen Verbindung" machte. Sein Kollege auf der Regierungsbank ließ sich daraufhin nicht lumpen und legte nach, indem er die Idee, ein paar Bäume zu setzen, um ein höheres Bauwerk zu behübschen, bildhaft als „eingebäumten Turm" beschrieb.

Verben werden nicht umsonst Tunwörter genannt. Sie machen den Text lebendig, verleihen ihm Farbe. Auch hier gilt: je konkreter, desto besser. Und: Aktiv vor Passiv. Passiv wird auf Deutsch „Leideform" genannt. Vor allem einer leidet unter dem Passiv: der Leser! Denn Passiv-Formen machen Texte unpersönlich und behäbig. Aktive Formulierungen machen einen Text lebendiger und kürzer.

Schachtelsätze sind schwer verständlich und hemmen den Lesefluss. Sie müssen meist in Gedanken mühsam entwirrt werden. Brechen Sie daher verschachtelte Sätze auf und machen Sie mehrere Sätze daraus.

Füllwörter bringen keine zusätzlichen Informationen in einen Text. Sie blähen ihn lediglich auf und erschweren seine Lesbarkeit. Verzichten Sie auf Füllwörter wie: irgendwie, eigentlich, recht, auch etc. Machen Sie sich eine eigene Watchlist für Wörter, die Sie immer wieder verwenden, die aber kein Mensch braucht und versuchen Sie dann mit der Zeit ihren Sprachstil umzustellen. Und zu guter Letzt: Meistens lässt sich exakt angeben, wer was tut. Formulierungen mit „man" sind unspezifisch und ungenau. Sie sollten in Medienmitteilungen vermieden werden.

Illustrationen veranschaulichen die Unternehmensnachricht

„Ein Bild sagt mehr als tausend Worte", heißt es. Unverständlich ist deshalb das Manko an guten Pressefotos und von guten Grafiken, die die Medien zur Illustration verwenden könnten. Sehr häufig wird auf Visualisierung verzichtet und zwar auch dort, wo sich die Visualisierung geradezu anböte. Nicht selten werden „handgestrickte" Fotos in schlechter Amateurqualität versandt. Dies ist umso erstaunlicher, da bildliche Veröffentlichungen höhere Aufmerksamkeit erzeugen als jeder Text. Die Medien greifen unter den momentanen wirtschaftlichen Rahmenbedingungen auch ganz gerne auf professionelles Material zurück, da das Kosten spart.

Das Foto sollte aussagekräftig sein und den Leser auf den Text aufmerksam machen. Bieten Sie Hoch- und Querformat an. Warum? Die meisten Pressefotos werden querformatig aufgenommen. Würden die Bilder so übernommen, ergäbe das ein richtig langweiliges Layout. Nehmen Sie einmal bewusst Ihre Tageszeitung zur Hand und schauen Sie sich nur die Fotos an. Und dann stellen Sie sich vor, alle Abbildungen wären zweispaltig und - sagen wir - immer 97 mm breit und 65 mm hoch. Dann bekämen Sie ein Mitteilungsblatt, das möglicherweise vielleicht noch für den Bienenzüchterverein in den Fünfzigerjahren des letzten Jahrhunderts passend war. Hochformatige Bilder schaffen in Printmedien interessante Umbrucheffekte, erzeugen Spannung und Abwechslung auf der Druckseite.

Arbeiten Sie mit Profis zusammen, die häufiger für Medien fotografieren. Die haben in der Regel einen Blick für Motive und verstehen es, in einem Bild eine Geschichte zu erzählen und Emotionen zu erzeugen. Selbst bei guten Fotografen sind Sie freilich nicht der Aufgabe entbunden, Regie zu führen. Schließlich wissen Sie am besten, was Sie kommunizieren möchten. Schauen Sie einmal eine Fachzeitschrift durch, die für Sie interessant ist und beurteilen Sie die Illustrationen. Sie werden sehr schnell sehen, wer gute Medienarbeit macht und wer nicht. Best

Practice-Beispiele der eigenen Branche eignen sich immer sehr gut zur Orientierung. Wagen Sie dazu den Blick über den Tellerrand. Emotion zu vermitteln, lernen Sie am besten, wenn Sie sich anschauen, welche Bildsprache etwa Automobilhersteller oder Modelabels verwenden. Personen sollten immer im Kontext des Themas bzw. der Arbeitswelt fotografiert werden. Dadurch entsteht eine lebendige Inszenierung. Mit den abgebildeten Gegenständen und deren Arrangement verbinden sich immer auch Assoziationen. Eine Umweltgeschichte mit rauchenden Schloten im Hintergrund kommt genauso wenig gut an wie der Firmenchef, der sich am klinisch sauberen Schreibtisch beim Handy-Telefonieren ablichten lässt. Wenn Sie ein Produktfoto verwenden, dann sollte das Bild eine Geschichte erzählen und nicht einfach nur eine Verpackung abbilden.

Nutzungs- und Urheberrechte

Klären Sie mit dem Fotografen bei der Auftragsvergabe die Nutzungsrechte. Wichtig ist auch, dass das „Recht am eigenen Bildnis" der im Fotografierten geklärt ist. Am besten, Sie lassen sich das schriftlich bestätigen, eine mündliche Einverständniserklärung reicht nicht. In der jüngeren Vergangenheit sind Urteile ergangen, die abgebildeten Personen Entschädigungen zusprachen, die sich ohne ihr Einverständnis in den Medien, im Internet oder in Firmenbroschüren wiederfanden. Das war für die betroffenen Unternehmen am Ende sehr teuer.

Beachten Sie auch, dass das Urheberrecht immer beim Fotografen liegt. Sie können als Unternehmen nur das Nutzungsrecht (uneingeschränkt oder für einen bestimmten Zweck) erlangen. Ein Pressefoto können Sie für die Weitergabe an Medien im Rahmen Ihrer Öffentlichkeitsarbeit verwenden. Wollen Sie damit auch Plakate, Broschüren oder ganze Werbekampagnen gestalten, müssen Sie das vorher vereinbaren. Das Gesagte gilt im Übrigen auch für die Veröffentlichung im Internet. Gerade hier ist der Schutz der Privatsphäre besonders sensibel!

Bildtext, Formate und Fotonachweis

Den Bildtext fügen Sie am vernünftigsten am Ende der jeweiligen Medienmitteilung hinzu. Dort können Sie auch die verwendeten Bilder in kleiner Auflösung (damit die Datenmenge des Dokumentes nicht zu groß wird) platzieren (siehe Beispiel). Beim Bildtext ist wichtig, dass Vornamen, Namen und Funktion aller Abgebildeten von links nach rechts angegeben werden. Kleiner Tipp: Wer auf dem Bild links steht, hat eine besondere Position, wer zentral in der Mitte positioniert ist, ebenso.

Die meisten Medien bevorzugen inzwischen Bilder in elektronischer Form. Die gängigsten Bildformate sind .tiff und .jpg. „tiff" hat ein höheres Datenvolumen, dafür ist die gesamte Bildinformation vorhanden, was mehr Optionen zur Weiterbearbeitung des Bildes ermöglicht. „jpg"-Fotos sind komprimiert und haben deshalb eine geringere Datengröße. Die Bilder selbst verschicken Sie in Druckqualität (300 dpi = dots per inch). Bei dieser Auflösung – die Sie in jedem Bildbearbeitungsprogramm feststellen können - muss das Foto eine Größe von rund 13 x 18 cm oder größer haben. Dieses Maß war früher – als die Pressefotos noch auf Papier entwickelt wurden - das Standardmaß.

Als Faustregel gilt: Für eine Veröffentlichung in Zeitungen oder Fachzeitschriften reicht es in der Regel aus, wenn die Dateigröße pro Foto rund 1 MB ausmacht. Versenden Sie nie mehr als zwei oder drei Fotos pro Mail. Wenn eine höhere Auflösung erforderlich ist, oder Sie mehrere Fotos anbieten möchten, dann sollten Sie eine Download-Möglichkeit über einen RTF-Server oder Ihren Pressecorner im Internet anbieten. Bei jedem Download-Link – ob Bild, Text, Audio- oder Videopodcast – immer die Größe und das Format der Datei angeben.

Eine besondere Herausforderung ist es, elektronisch versandte Fotos entsprechend zu bezeichnen. Das Foto braucht einen aussagekräftigen Namen, der in Verbindung mit ihrem Unternehmen steht. Also: Unternehmen: Werk Ort.jpg. Dieses Foto wird dann auch von den Suchmaschinen gefunden. Wenn Sie das nicht tun, dann gehören Sie vielleicht zu den mehr als sieben Millionen Treffern für foto.jpg oder rund zwei Millionen Treffern für bild.jpg bei Google. Zusätzlich ist es auch sinnvoll, beim Abspeichern Hinweise auf das Thema, das Datum und den Fotografen zu geben. Hier sollten Sie sich ein vernünftiges Ablagesystem zulegen, das Ihren Bedürfnissen entspricht und das auch handhabbar ist.

Bei jedem Foto ist auch der Hinweis auf den Urheber wichtig. Dieser muss immer genannt sein, auch wenn Sie die Nutzungsrechte am Bild erworben haben. Für Unternehmen empfiehlt sich folgende Formulierung:

Foto: Unternehmen/Fotograf; Abdruck honorarfrei bei Nennung des Fotonachweises. Die Medien sind ohnedies verpflichtet, den Fotohinweis abzudrucken, da sie sich sonst einer Urheberrechtsverletzung schuldig machen.

Beschreibung: Stoff Meterware / art. 10 col. 65
Fotographie: Ideenwerk Salzburg
Copyright: F.Leitner KG
Format: 537x720 Pixel/JPG/1,11 MB/300dpi

Beschreibung: Kleid / art. 213 col. 77
Fotographie: Ideenwerk Salzburg
Copyright: F.Leitner KG
Format: 531x712 Pixel/JPG/1,07 MB/300dpi

Beschreibung: Bademantel art. 441 col. 89
             Duschtuch / art. 440 col. 89
Fotographie: Ideenwerk Salzburg
Copyright: F.Leitner KG
Format: 530x710 Pixel/JPG/1,08 MB/300dpi

Beschreibung: Handtuch / art. 437 col. 89
             Handtuch / art. 440 col. 89
             Handtuch / art. 441 col. 89
Fotographie: Ideenwerk Salzburg
Copyright: F.Leitner KG
Format: 517x693 Pixel/JPG/1,03 MB/300dpi

Der richtige Zeitpunkt für Medienmitteilungen

Beim Versand von Presseinformationen ist auf den Zeitfaktor zu achten. Die beste Information wird weitgehend wertlos, wenn sie nach Redaktionsschluss eintrifft. Sie müssen also wissen, wann die für Sie wichtigsten Medien erscheinen und bis wann die Informationen eintreffen müssen, damit sie noch verarbeitet werden können. Wirtschaftsnachrichten sollten grundsätzlich vormittags an die Tagesmedien gesandt werden, weil sie dann größere Chancen haben, berücksichtigt zu werden. Bei Fachmedien ist die Tageszeit kein Kriterium, wohl aber der Redaktionsschluss. Sie sollten auf jeden Fall genau wissen, wann die für Sie wichtigsten Publikationen Redaktionsschluss haben. Der Redaktionsschluss liegt oft über einem Monat vor dem Erscheinungstermin.

Mail-Verkehr mit Journalisten

Die Online-Pressemeldung hat ihre Anfänge in den frühen Neunzigerjahren und ist mittlerweile als feste Größe etabliert. Doch wer vermutet, dass deshalb heute der Umgang mit der Pressemeldung per Internet zum Routinejob ohne Fehlerpotenzial geworden ist, liegt leider falsch. Denn noch immer verschicken Unternehmen E-Mails gigantischen Ausmaßes, hängen ungefragt Bilder in High-End-Formaten an und verstopfen damit die Mail-Eingänge der Redaktionen.

Nur weil sich Inhalte für Online-PR schneller und kostengünstiger konfektionieren und versenden lassen als auf dem herkömmlichen Postweg, sollten auf keinen Fall die allgemeinen Gütekriterien über Bord geworfen werden, an deren Spitze die Zielsetzung steht, den Redakteur individuell mit interessanten Themen zu versorgen. Wichtig ist auch, dass es zu keinen „Verwertungsunterbrüchen" kommt. Das heißt, die gebotenen Informationen müssen einfach zu verarbeiten sein. Hier gibt es zwei Meinungen: Eine votiert für den Versand von .doc Formaten und die andere für .pdf Files. Beides hat etwas für sich. Für den Word-Text spricht, dass er einfach weiterverarbeitet werden kann. Für pdf spricht zweierlei: Der Text kommt so an, wie er formatiert wurde. Eigene CI-Spezialschriften können verwendet werden, es kommt zu keinen hässlichen Umformatierungen, wenn Schriften beim Empfänger nicht installiert sind.

Probieren Sie einmal aus, wie es aussieht, wenn Sie eine Spezialschrift verwenden und sie dann mit einer anderen Schrifttype öffnen: Der gesamte Umbruch wird durcheinandergemixt und schaut im Regelfall danach total hässlich aus. Ein weiterer Punkt spricht für pdf: Änderungen können nicht nachvollzogen werden. Leider passiert es immer wieder, dass jemand vergisst, den Änderungsmodus auszuschalten. Dann kann es passieren, dass Anmerkungen mitgeliefert werden, die ganz sicher nicht für den Empfänger gedacht waren. Kommentare wie: „Das dürfen wir auf keinen Fall veröffentlichen." oder „Diese Daten sind strikt geheim." erfreuen natürlich den Journalisten, weniger aber den Absender. Die mitgeschickte pdf-Version darf (auch das kommt bisweilen vor), nicht schreibgeschützt sein, das heißt, der Text muss einfach zu kopieren und einzufügen sein.

Zwei Grundvoraussetzungen sind für den erfolgreichen Mailverkehr unabdingbar: Zum einen müssen die Verteilerlisten genau stimmen. Zum anderen müssen Sie gewisse formale Kriterien einhalten und durch Schreibstil und Tonalität zeigen, dass Ihnen der Kontakt mit der angesprochenen Person wichtig ist.

Auch wenn Sie mehrere Medien kontaktieren, sollte doch jeder Adressat das Gefühl haben, dass eine gewisse Individualität, vielleicht sogar Exklusivität einer Information vorliegt. Sie sollten also möglichst jede Mail individuell abfassen. Wir haben über Jahre hinweg immer wieder Tests mit Mails ohne und mit Anrede der adressierten Person gemacht. Das Ergebnis ist ganz eindeutig: Eine individuelle Anrede bringt signifikant mehr Resonanz. Also entweder jede Mailadresse und Anrede einzeln eintragen oder durch ein entsprechendes CRM-Programm automatisch generieren. Wenn Sie nur einen oder wenige Journalisten kontaktieren, steigen die Erfolgsaussichten enorm, wenn im Text Themen angeschnitten werden, bei denen es Verbindungen zwischen Schreiber und Leser der Mail gibt. Es darf durchaus auch einmal ein Dankeschön für einen Artikel über das eigene Unternehmen sein, eine Bemerkung über einen Beitrag zu einem interessanten Thema aus der Feder des angeschriebenen Redakteurs oder eine Terminankündigung für eine Medienveranstaltung.

Wenn Sie schon unadressierte Massenmails versenden müssen, weil Sie kein passendes Programm haben oder Sie unter Zeitdruck stehen, dann geben Sie die Mailliste unter bcc (blind carbon copy) ein, auf gar keinen Fall im Adressfeld und auch nicht im cc (carbon copy), weil dann jeder weiß, wer noch angeschrieben wurde.

Formulieren Sie einen informativen, interessanten und aussagekräftigen Betreff. Schreiben Sie kurz und bündig in wenigen gut gegliederten Absätzen. Wer liest schon gerne längere Texte am Bildschirm. Verweisen Sie auf ergänzende Informationen in Ihrem Pressecorner. Geben Sie bereits in der E-Mail einen Rückfragehinweis an. Nutzen Sie die Signatur, um den genauen Firmen- bzw. Institutionswortlaut, die Adresse und weitere Infos anzugeben.

Wenn Sie diese Tipps und die nachstehende Checkliste beherzigen, ist dies allerdings noch keine Garantie dafür, dass Ihre Aussendung auch tatsächlich berücksichtigt wird. Sie helfen den Journalisten damit jedoch, die tägliche Informationsflut besser zu managen.

☑ CHECKLISTE: E-MAIL-STANDARDS

Absender: Es macht einen Unterschied, ob ein Journalist ein Mail von Frau Hilde X bekommt oder von Siemens, Hilde X. Achten Sie bei der Programmierung Ihres Absenders darauf, dass diese Reihenfolge eingehalten wird. Für den Empfänger ist das „Name dropping" ein erster Hinweis darauf, ob der Inhalt interessieren kann. Unbekannte Absender landen meist im Papierkorb. Wichtig dabei ist auch, dass bereits eine persönliche Beziehung zum Empfänger besteht.

Betreff: Kurz und prägnant muss der Betreff sagen, worum es geht. Hier gelten die gleichen Regeln wie für Titel von Presseinformationen. Worum geht es, ist der Inhalt für die Berichterstattung interessant? Ein Beispiel: Infratest hat eine Umfrage gestartet, deren Ergebnis folgenden Betreff hat: „Deutsche begrüßen Verzicht der Deutschen Bank auf Staatsgelder". Der Wirtschafts- und Finanzjournalist weiß dann sofort, worum es geht und wird natürlich weiterlesen. Ein anderes Beispiel: „MERCEDES-BENZ Presseinformation 18/2010: Erstmals mehr als 1500 Mercedes-Benz Econic in einem Jahr ausgeliefert". Der erste Teil der Information kann auch entfallen. Vom Absender weiß der Empfänger schon, wo die Meldung herkommt und für ihn ist es völlig egal, ob es die Nummer 18 oder 57/2010 ist.

Persönliche Ansprache: „Sehr geehrte Damen und Herren" sagt nur, dass die gleiche Botschaft an eine Vielzahl von Empfängern gegangen ist, wird dagegen eine persönliche Ansprache gewählt, ist das ein Signal für Individualität.

Teaser: In wenigen Zeilen muss klar werden, was der Inhalt der Botschaft ist. Wenn eine Presseinformation versandt wird, macht es durchaus Sinn, den Vorspann in die Mail zu kopieren und dann einen Zusatz hinzufügen wie: „Nähere Informationen dazu finden Sie in der beigefügten Presseinformation". Kleine Privatradios nutzen diese Kurzinfo oft sogar als Grundlage für Kurznachrichten, da es hier besonders schnell gehen muss.

Formatierung: Mails an Medien immer ohne Formatierung versenden. Ich habe jüngst einen Test mit individualisierten Mails in Form eines Newsletters gemacht. Ergebnis: Die wenigsten Journalisten öffnen diese, da sie mit derartigen Aussendungen überhäuft werden. Logos und Fotos werden zudem von den meisten Firewalls unterdrückt. Es kommen dann nur gestaltete Blöcke mit fett durchkreuzten Fotos und Logos an.

Fotos: Wenn Sie Fotos mitschicken, achten Sie auf die Größe. Hochauflösende Fotos sind ungeeignet, da sie in der Regel zu viel Platz brauchen. Als Richtlinie kann gelten, dass Fotos mit einer Größe von 1 MB im Regelfall für Pressefotos ausreichen. Mehr als 10 MB dürfen Sie auf keinen Fall anhängen. Werden größere

Bilder benötigt, können Sie einen Link auf Ihren ftp-Server oder auf Ihre Home-page setzen: Von dort können die Bilder heruntergeladen werden. Achten Sie auch darauf, dass die Bilder eine Bezeichnung bekommen. Nicht: Foto1.jpg, son-dern Vorstand XY, Firma.jpg.

Abbildung 9:   E-Mail-Maske

Von:	PLEON Publico Wolfgang Immerschitt (Wolfgang...	
An:	Veronika Canaval	
Cc:		
Betreff:	Osterfestspiele Salzburg und Berliner Philharmoniker. Langfristige Zusammenarbeit mit Hauptsponsor Vontobel	
Anlagen:	100430_Vontobel Sponsor Osterfestspiele.doc	69,9 KB
	Herbert J. Scheidt, CEO Vontobel 2010.JPG	1,03 MB

Für beliebigen Computer codieren (AppleDouble); keine Komprimierung

Schriftart   11

Sehr geehrte Frau Canaval,

die Schweizer Vontobel Gruppe ist seit 1998 Hauptsponsor der Osterfestspiele Salzburg. CEO Herbert J. Scheidt hat heute bei einem Treffen mit dem geschäftsführenden Intendanten, Peter Alward, und dem Vorstand der Berliner Philharmoniker die Rahmenbedingungen für eine weitere längerfristige Zusammenarbeit besprochen. "Für uns sind die hohe künstlerische Qualität, die durch das Orchester unter Leitung von Sir Simon Rattle sowie die erstklassige Reputation des Festivals ausschlaggebend", erklärte Scheidt.

Bitte lesen Sie nähere Details in der beigefügten Medienmitteilung. Ein Portraitfoto von Herbert J. Scheidt finden Sie im Anhang. Weitere aktuelle Fotos vom Meeting können Sie im Mediencorner unter www.vontobel.ch herunterladen.

Mit freundlichen Grüßen
PLEON Publico
Public Relations & Lobbying

Dr. Wolfgang Immerschitt
Paracelsusstraße 4
5020 Salzburg

Telefon +43/662/620242-16
Mobil +43/676/83786-216
E-Mail w.immerschitt@pleon-publico-sbg.at

Bitte beachten Sie auch den Videocast zu diesem Termin unter www.netmovie.at

---

© 2010 CROSSMEDIALE PRESSEARBEIT

So oder so ähnlich wie im Screenshot (siehe Abbildung 9) könnte das Begleit-mail zur Übermittlung einer Medienmitteilung aussehen (wobei die Mail nicht real ist). Wesentlich ist, dass der Adressat auf einen Blick erkennt, wer der Absender ist, worum es geht und inwieweit der Inhalt der Mail interessant ist. Bei meinen Mails stehen im Absenderfeld immer zuerst die Agentur und dann der Name.

Im Betreff sind einige Signalworte platziert, die Aufmerksamkeit sicherstellen: Die Osterfestspiele Salzburg, die Berliner Philharmoniker und die Vontobel Gruppe Schweiz sind drei Player im Mediengeschäft, die allesamt eine Meldung wert sind. Im Text wird kurz der Anlass angesprochen und dann auf die beigefügte Medien-mitteilung verwiesen. Auch die Verlinkung auf weitere Informationsquellen gehört hierher, insbesondere auf die Möglichkeit, Fotos oder Videos herunterzuladen.

Informations-Selbstbedienung mit RSS Feed

RSS steht für Really Simple Syndication (oder auch Rich Site Summary): Inhalte können so einfach wie möglich von einer Plattform auf eine andere übertragen werden. Diese Funktion wurde schon Anfang der Neunzigerjahre erfunden, hierzulande setzt sie sich aber erst jetzt in der Unternehmenskommunikation mehr und mehr durch.

Medienmitteilungen und Newsletter lassen sich sehr einfach als RSS-Feed erstellen. Ein eigener Icon (ein oranges Quadrat mit einem Punkt und zwei weißen Wellen) weist auf diesen Service hin. Damit lassen sich auch große Datenmengen mit Videos, Audiodateien und hoch aufgelösten Fotos und Grafiken problemlos verschicken – und zwar kostenlos. Zusätzlicher Vorteil: Mittels RSS können keine Viren mitversandt werden. Wer auf seiner Webseite RSS-Feeds anbietet, sollte diese auf jeden Fall in RSS-Verzeichnisse[43] eintragen, um mehr potenzielle Zielgruppen zu erreichen. Über diese Verzeichnisse können User nach RSS-Feeds aus Artikelseiten, Blogs, Presseportalen oder anderen Veröffentlichungen suchen und Ihren RSS-Feed direkt abonnieren.

Um RSS aktiv nutzen zu können, benötigen Sie einen eigenen Reader.[44] Der ist aber ganz einfach zu bekommen. Entweder er ist ohnedies bereits in Ihrem Browser integriert oder Sie laden ihn kostenlos herunter. Wenn Sie das getan haben und beispielsweise den RSS-Feed eines Blogs oder einer Zeitung abonniert haben, erhalten Sie automatisch alle neuen Infos mit Schlagzeile, Kurztext und einem Link zum vollständigen Artikel. Empfehlenswert ist der Versand der gesamten Information, weil das ständige Verlinken oft Kommunikation verhindert. RSS-Abonnenten sind Stammkunden, und die sollten Sie pflegen. Sie sind nämlich die treuesten Nutzer Ihrer Online-Angebote, weil sie genau das auswählen, was ihrem Interesse entspricht.

Zusätzlich zum RSS-Feed sollten Sie auch Ihre Inhalte für soziale Plattformen verfügbar machen. Dazu erstellen Sie Bookmark-Listen mit den gängigsten Angeboten von Facebook über Xing bis Twitter, Mister Wong etc. Die abonnierten Informationen bekommt der User dann in „sein" Netzwerk eingespielt.

Wer einen Feed abonniert hat, bekommt die neuesten Einträge sofort angezeigt. Das setzt voraus, dass sich auf Ihrer Unternehmens-Webseite relativ häufig etwas tut. Es muss nicht täglich sein, aber doch in regelmäßigen Abständen. Tun heißt, dass die Inhalte aktuell, exklusiv und nicht werblich sind. Bewährt haben sich kleine Serien, die zum Weiterlesen anregen. Das Internet wird mit RSS zu einem auto-

---

43 Beispielsweise: www.feedsee.com, www.rss-nachrichten.de, www.rss-scout.de

44 http://de.wikipedia.org/wiki/Feedreader; die Computerzeitschrift Chip bietet auf ihrem Online-Auftritt über 20 RSS Feeds an, die auf die verschiedenen Bedürfnisse und Themeninteressen zugeschnitten sind. Bekanntere Reader sind www.rss-reader.de, www.feedbuster.de oder www.it-reader.de

matisierten Informationslieferanten, ohne dass ständig mühsam nach Neuigkeiten auf den präferierten Seiten gesucht werden muss.

Zur Vermarktung des Services sollten Sie in den Medienmitteilungen, Newslettern und anderen Publikationen darauf hinweisen, denn von alleine geht auch in der Online-Kommunikation gar nichts. Ein Beispiel: Sie schreiben für Ihr Unternehmen einen Weblog oder veröffentlichen Presseinformationen in Ihrem Mediencorner. Dieser Inhalt wird zugleich im Intranet für die eigenen Mitarbeiter zugänglich gemacht und kann von Journalisten abonniert werden. Sie können auf diese Weise zielgerichtet kommunizieren und die Kontakte ständig pflegen. Sie erhalten damit automatisch ihren neuesten Eintrag im Blog oder Ihre Presseinformation auf den Feedreader. Nachstehend ein gutes Beispiel für eine Bestellseite von Presseinformationen über RSS Feed.

➕ Beispiel aus der Praxis:

Inzwischen bieten alle größeren Unternehmen die Möglichkeit, Medienmitteilungen oder andere Online-Informationen (das kann vom Schnäppchen über die Last-Minute-Reise bis zur neuesten B2B Preisliste reichen) mittels RSS-Feed zu abonnieren. Wie eine sehr ausführliche „Bestellseite" aussieht, zeigt das Beispiel des Reiseveranstalters TUI. Es geht aber auch weniger aufwändig, in dem nur das RSS-Zeichen anzuklicken ist.

Abbildung 10: E-Mail-Maske

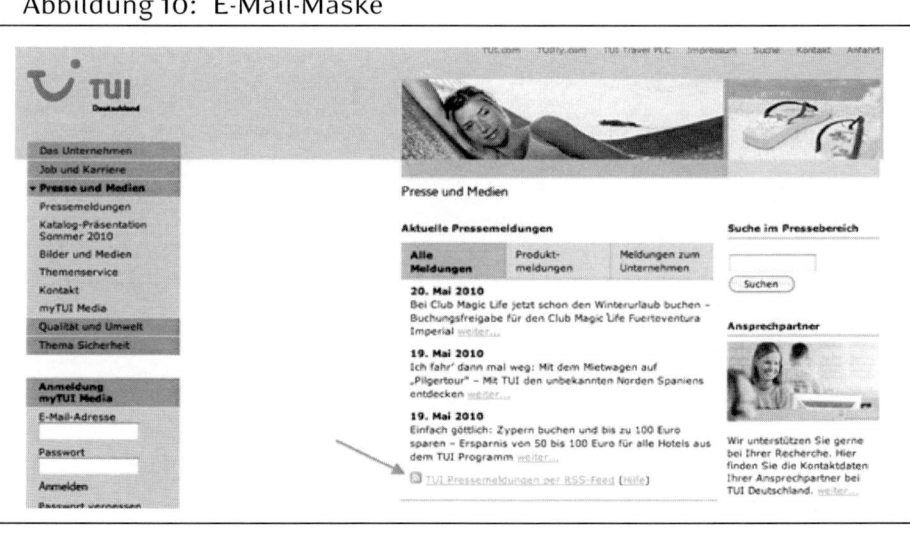

© 2010 CROSSMEDIALE PRESSEARBEIT

3.3 Exklusiv-Veröffentlichung: Expertenwissen als ausführliche Fachinformation

Bewertung

Unternehmen		Medium	
Bedeutung	++	Bedeutung	++
Aufwand/Praktikabilität	–	Aufwand/Praktikabilität	++
Dialogorientierung	+	Dialogorientierung	O
Zukunftsentwicklung	+	Zukunftsentwicklung	+
Online-Tauglichkeit	O	Online-Tauglichkeit	++

Besonders Fachmedien suchen zunehmend nach exklusiven Geschichten von Unternehmen, die nur in ihrem Blatt publiziert werden. Manche Redaktionen wenden sich direkt an die wichtigsten Unternehmen der Branche und bitten Sie, zu bestimmten Themen Fachbeiträge abzuliefern. Meistens werden diese Anfragen im Zuge der Jahresplanung der inhaltlichen Schwerpunkte des Fachmagazins gestellt, also im Regelfall mehrere Monate vor dem Erscheinungstermin. Das hat für das Medium den Vorteil der Planbarkeit. Außerdem ist durch den längeren Vorlauf sichergestellt, dass der Beitrag wirklich fachlich fundiert ist und nur für diesen Zweck verfasst wird. Für das Unternehmen bringt der Fachbeitrag eine sehr umfangreiche und meist auch sehr viel beachtete Berichterstattung. Der Autor selbst – der häufig auch genannt wird – kann mit dieser Veröffentlichung auch etwas für die eigene Reputation tun.

Anders verhält es sich, wenn Sie selbst eine Exklusiv-Story anbieten möchten. Dann müssen Sie Ihre Geschichte gut verkaufen und den Nutzen für das angesprochene Medium herausarbeiten. Gerade bei Fachmedien, aber auch einigen Wirtschaftsmagazinen stoßen Sie dabei meist auf offene Ohren. Der Grund ist ganz einfach: „Diese Medien sind ja daran interessiert, unter ihren Autoren die besten Köpfe zu versammeln, die sich in einer Fachdisziplin bewegen."[45]

Eine Möglichkeit, abzutesten, ob Medien an einer ausführlichen Information über ein spezielles Thema interessiert sind, ist die Erstellung eines Themenexposés. Darin beschreiben Sie das Thema, das Sie bei Bedarf ausführlicher darstellen würden. Sie können die Exposés an die ausgewählten Redaktionen schicken,

---

45 Norbert Schulz-Bruhdoel/Katja Fürstenau; Die PR- und Pressefibel. Frankfurt 4. überarbeitete Auflage 2008, S. 204.

sehr erfolgreich ist es aber, die Themenvorschläge direkt zu übergeben. Dazu bieten sich geradezu die Medienkontakte bei Messen an. Dort treffen Sie ja in der Regel genau die Fachmedien an, die für Sie besonders interessant sind. Hier liegt der Schwerpunkt Ihrer Aktivität wieder auf dem Verkauf der Geschichte. Wenn Sie darin gut sind, können Sie bemerkenswerte Ergebnisse erzielen.

Abbildung 11 (Seite 62) zeigt ein weiteres Beispiel aus der Praxis.

➕ Beispiele aus der Praxis:

„White Papers", also Expertenbeiträge ohne vordergründige Werbebotschaften sind bei Fachmedien sehr gefragt. Häufig fließen die Fachartikel schon in die Jahresplanung ein, werden also längerfristig geplant und können so auch sorgfältig vorbereitet werden. Der Autor wird dabei meist unter Nennung des Namens und bisweilen sogar – wie im abgebildeten Beispiel aus der Zeitschrift „Holz- und Möbelindustrie" – auch mit Bild des Autors dem Leser näher gebracht.

Zum Wohlfühlen gehört eine gute Akustik

Der österreichische Holzwerkstoffhersteller EGGER hat gemeinsam mit seinem Kooperationspartner Akustik+ aus Wächtersbach neue akustische Lösungen entwickelt. Neben einer deutlich erweiterten Auswahl an Perforationsbildern, die jetzt auch Schlitzungen umfassen, steht nun der komplette Dekor- und Materialverbund der ZOOM-Kollektion von EGGER zur Verfügung. Präsentiert werden die Neuheiten in der Akustikbox, einem kleinen, mobilen Raum, der die Vorteile einer geeigneten Schallabsorption für jeden Besucher erlebbar macht.

Bereits im Mai 2005 haben die Kooperationspartner Akustik+ und EGGER die ersten Schall absorbierenden ProAkustik-Produkte vorgestellt: ProAkustik-Standardplatten und ProAkustik-Möbelplatten, zum einen einseitig dekorativ für Wand- und Deckenlösungen, zum anderen beidseitig dekorativ für den Möbelbau. Im Zuge weiterer Entwicklungen wurde das Produktsortiment um die ProAkustik light-Serie für Möbelplatten und Rückwände ergänzt. Alle Produkte

Michael Beckmann
Leitung Produktmanagement Schichtstoff
EGGER Holzwerkstoffe
Brilon GmbH & Co. KG
59929 Brilon
Kontakt: www.egger.de

Erlebbarer Kundennutzen ...

》 Eine gute Akustik insbesondere in öffentlichen Räumen und Büros aber auch in privaten Wohnbereichen zu schaffen, stellt eine große Herausforderung dar. Hier bieten wir umfangreiche Lösungsmöglichkeiten an, die die Themen Schallabsorption und Design verbinden. 《

zeichnen sich durch kaum wahrnehmbare kleine Löcher in der Plattenoberfläche aus. Diese so genannte Mikroperforation ermöglicht eine hohe Schallabsorption bei einer zugleich attraktiven Optik.

Produktlösungen von EGGER und Akustik+ bieten der Industrie und dem verarbeitenden

Akustisch wirksames Deckensegel zum nachträglichen Einbau in bereits bestehende Räume.

Im SAP Casino in Walldorf kommt ProAkustik bereits als Wandverkleidung zum Einsatz.   Fotos: EGGER

Handwerk neue Möglichkeiten, die Raumakustik zu verbessern. Die große Dekorvielfalt ermöglicht Lösungen, die sich auch nachträglich noch in das bestehende, gestalterische Konzept integrieren lassen, denn oft zeichnen sich Probleme mit der Raumakustik erst nach der Fertigstellung und Einrichtung eines Raumes ab. Hier kann zum Beispiel ein Deckensegel oder ein akustisch wirksames Möbel auf unkomplizierte Weise Abhilfe schaffen. ProAkustik-Produkte tragen in den privaten vier Wänden wie auch in öffentlichen, größeren Räumen und Büros zu einer angenehmen Raumatmosphäre bei und wirken sich positiv auf das Sprachverständnis aus. Die akustischen Lösungen sind insbesondere für folgende vier Anwendungsbereiche gedacht:

– Zum nachträglichen Einbau in bestehende Räume als kompakter, hochwirksamer Breitbandabsorber im sprachrelevanten Frequenzbereich; zum Beispiel als Deckensegel oder individuell vorgefertigte Systemteile, das sind so genannte Baffles.
– Als Wandverkleidungen, unter anderem als feste Wandaufbauten oder akustisch wirksame Trennwände in Großraumbüros.
– Als fest montierte, akustisch wirksame Deckensysteme.
– Als Möbelkomponenten, zum Beispiel im Bereich von Fronten, Rückwänden oder Korpusseiten.

Mithilfe der Akustikbox, die an den EGGER Standorten Brilon und St. Johann in Tirol sowie beim Partner Akustik+ besichtigt werden kann, werden die Auswirkungen der einzelnen Produktlösungen erlebbar. Sie besteht aus zwei Einzelboxen, mit deren Hilfe einmal eine überdämpfte und einmal eine schallharte Raumat-

mosphäre geschaffen wird. Anhand von Akustik-Echtmustern in verschiedensten Oberflächen werden die möglichen Perforationen und Schlitzungen präsentiert. Zudem sind einfache anwendungstechnische Vorschläge zu sehen.

Individuelle Optiken für individuelle Lösungen sind problemlos umsetzbar. Unterschiedliche Perforationen können über die gesamte Fläche, aber auch nur in Teilbereichen, zum Beispiel für Rahmenoptiken oder Firmenlogos, ausgeführt werden. Ebenso können technische Besonderheiten in Konstruktion sowie Beschlagsthemen berücksichtigt werden. Auch die von Kunden häufig gewünschten Schlitzungen sind nun als optische Alternative zu klassischen Perforationen mit MDF als Trägerplatte umsetzbar. Angeboten werden ProAkustik-Standardplatte mit der kaum wahrnehmbaren Mikroperforation 3/3/1,0 Millimeter in zehn verschiedenen Dekoren ab Lager. Alle weiteren Perforationen und Schlitzungen werden auf Kundenwunsch hergestellt.

EGGER bietet ProAkustik im kompletten Dekor- und Materialverbund der ZOOM-Dekorkollektion an. Das ermöglicht unseren Kunden noch vielfältigere und designorientiertere Gestaltungsvarianten. Die »neue Individualität« und die Möglichkeit, melaminharzbeschichtete Spanplatten oder MDF-Platten in einer Abmessung von bis zu 3500 mal 2070 Millimeter für Akustikprodukte einzusetzen, bieten einen hohen Kundennutzen. Darüber hinaus können künftig auch Echtholz-Furniere oder Oberflächen in Lack als Akustikelemente über den Partner Akustik+ angeboten werden.

65

3.4 Newsletter: Zweitverwertung von Kundeninformationen für die Medienarbeit

Bewertung

Unternehmen		Medium	
Bedeutung	O	Bedeutung	-
Aufwand/Praktikabilität	+	Aufwand/Praktikabilität	O
Dialogorientierung	- -	Dialogorientierung	- -
Zukunftsentwicklung	+	Zukunftsentwicklung	O
Online-Tauglichkeit	++	Online-Tauglichkeit	++

Unternehmen sind in den letzten Jahren dazu übergegangen, viele Printprodukte zu ersetzen. Der Geschäftsbericht steht jederzeit abrufbar im Internet und ist – wenn gut gemacht – nicht nur ein statisches pdf-File, sondern via Datenbanklösung eine auch während des Jahres aktive Informationsgrundlage. Regelmäßige Informationen über Neuigkeiten in der Firma oder in der Produkt- sowie Dienstleistungspalette, die früher mehr oder weniger aufwändig gestaltet per Post an Kunden oder auch an Journalisten versandt wurden, werden jetzt durch elektronische Newsletter ersetzt. Der Vorteil liegt dabei klar auf der Hand: Die hohen Versandkosten fallen weg und die Aktualität nimmt zu, weil die Zeit (und die Kosten) für den Druck und den Postweg wegfällt.

Bei der Gestaltung und dem Versand von Newslettern müssen einige Regeln beachtet werden, um einen entsprechenden Erfolg zu erzielen. Zunächst zu den wichtigsten formalen Voraussetzungen: Ehe Sie einen Newsletter versenden, müssen Sie das Einverständnis des Empfängers einholen. Beim „Confirmed Opt-in" erhält der Eintragende nach dem Bestellen eines Newsletter-Abonnements nach der Eintragung eine E-Mail zugeschickt, in der er auf das soeben getätigte Abonnement hingewiesen wird. Sollte der Inhaber der E-Mail-Adresse das Abonnement nicht abgeschlossen haben, so erhält er mit der E-Mail Kenntnis davon, dass sich seine E-Mail-Adresse in einem Newsletter-Verteiler befindet und kann das Abonnement wieder beenden.

Es muss auch eine einfache Abbestellmöglichkeit geben. Da Newsletter nicht einfach „kalt" versandt werden dürfen, signalisieren die Empfänger bewusst ein gewisses Interesse an den Inhalten. Das darf allerdings nicht darüber hinwegtäuschen, dass viele Newsletter im elektronischen Mistkübel landen – so wie auch viele gedruckte Produkte in der Rundablage landen. Die Lesefreudigkeit wird dann gesteigert, wenn regelmäßig Belohnungen für den Leser geboten werden. Sei es in Form vom Gewinnspielen, Sonderangeboten oder echten Mehrwert durch die Kommunikationsinhalte.

Wir unterscheiden zwei Arten von Newslettern: Solche mit Angeboten und solche mit redaktionellen Inhalten. Beide sollten gewissen Regeln im Aufbau folgen: Der Newsletter-Kopf soll dem Leser Klarheit verschaffen und einen aussagekräftigen Titel, Erscheinungsdatum und fortlaufende Ausgabennummer sowie den Herausgeber enthalten. Der Newsletter-Körper beinhaltet das Inhaltsverzeichnis, ein kurzes Editorial und die textlichen Inhalte der Ausgabe. Der Newsletter-Fuß schreibt ein vollständiges Impressum mit Angaben zum Herausgeber vor (das ist im Medienrecht geregelt), er sollte eine E-Mail Kontaktmöglichkeit enthalten um einen Dialog möglich zu machen, aber auch um gegebenenfalls den Newsletter einfach abbestellen zu können.

Die Aufbereitung kann auf dreierlei Art erfolgen:

▶ *Als reine Textinformation ohne grafische Aufbereitung.* Wenn Sie nicht nur ein einziges Thema kommunizieren, sollte das Textfeld durch Überschriften und kurze Teaser-Texte gegliedert sein. Sie können dann Hyperlinks auf Ihre Website setzen, die die vollständigen Artikel optisch aufbereitet enthält.

▶ *Grafisch gestaltete HTML-Newsletter* arbeiten ebenfalls meist mit Überschriften und Teaser-Texten. Allerdings kommen diese beim Empfänger oft ohne Grafiken und Fotos an oder werden sogar vollständig blockiert. Eine pure Textversion könnte deshalb schon im Abo-Formular angeboten und ausgewählt werden.

▶ *Newsletter als pdf im Mailanhang* haben den Vorteil, dass sie von den Interessenten direkt abgespeichert werden können. Das ist vor allem dann interessant, wenn es sich um Fachinformationen handelt, die eine längere Information-Halbwertzeit haben (das gilt für eine Reihe von Experten-Newslettern, die es in vielen Fachbereichen gibt). Auch hier sollten Sie die Themenschwerpunkte im Mailtext kurz darstellen, damit der Empfänger weiß, ob sich der Aufwand des Öffnens dieses spezifischen Newsletters lohnt.

In der Medienarbeit von Unternehmen haben Newsletter bei den Fachmedien einen gewissen Stellenwert, weil diese hier oft Details herausholen können, die für die Berichterstattung interessant sind. Das bedeutet aber auch, dass der Newsletter einen Informations-Mehrwert und eine gewisse Frequenz haben muss. Da es bei einigen intelligenten Programmen inzwischen möglich ist, nachzuverfolgen, welche Empfänger eines Newsletters diesen öffnen und wie rasch nach dem Versand das geschieht, kann auch eine generelle Aussage gemacht werden, wie Journalisten auf diese Kommunikationsform reagieren, nämlich schwach. Nur ein relativ geringer Prozentsatz der angeschriebenen Redaktionen öffnet tatsächlich an sie adressierte elektronische Newsletter. Vielfach wird auch als störend empfunden, dass mitgeschickte grafische Elemente nicht durch den Spamfilter kommen und als durchkreuzte Flächen am Bildschirm auftauchen.

Sie sollten sich auch die Mühe machen, für die Branche, in der Sie tätig sind, zu recherchieren, ob es Newsletter-Redaktionen gibt, denen Sie allenfalls Ihre Medienmitteilungen schicken können. Wenn Ihre Informationen ins Konzept der Newsletterredaktion passt, erreichen Sie dadurch eine zusätzliche Verbreitung Ihrer Nachricht. Suchen können Sie, indem Sie „Newsletter + Branche" in Ihrer Suchmaschine eingeben. Es gibt auch zwei deutschsprachige Portale, die Newsletter sammeln, nämlich newsletterverzeichnis.de und newslettersuchmaschine.de. Letztere listet über 50 Branchen und über 4.000 Newsletter auf!

☑ CHECKLISTE NEWSLETTER

Vor dem Versand eines Newsletters muss der Empfänger sein Einverständnis geben. Anmeldungen zum Newsletter sind auf der Starterseite der Homepage klar ersichtlich zu machen. Bei aktiver Bestellung auf jeden Fall Bestätigungsmail retour schicken und auch dokumentieren.

Newsletter müssen eine gewisse Regelmäßigkeit aufweisen aber auch nicht zu häufig versandt werden.

Der Leser muss einen Mehrwert durch die Information und regelmäßige Belohnungen durch Sonderangebote oder Gewinnspiele erhalten.

Bei der Gestaltung ist auf die Einhaltung des Corporate Designs zu achten. Es sollten aber auch reine Text- und HTML-Versionen angeboten werden.

Jeder Newsletter muss eine aussagekräftige Betreffzeile und ein Inhaltsverzeichnis sowie das medienrechtlich vorgeschriebene Impressum aufweisen, der Empfänger ist individuell anzusprechen.

Die wichtigste Meldung steht ganz oben.

Nicht vergessen: Die eigenen Mitarbeiter müssen auch den Newsletter erhalten, um mit den Kunden auf die Inhalte im Gespräch eingehen zu können.

➕ BEISPIELE AUS DER PRAXIS:

Die Network Press Germany GmbH in Augsburg hat 2009 einen Newsletterpreis in elf Kategorien ausgeschrieben[46]. 2.500 Vorschläge wurden eingereicht. Die meisten Wahlvorschläge gingen in den Kategorien „Computer, Handy, Technik"

---

46 http://www.newsletterpreis.de/webstatics/index/40

sowie „Urlaub und Reise" ein. In den Kategorien „Essen und Trinken", „Shopping und Fashion" sowie „Auto und Mobilität" wurden die meisten Stimmen abgegeben. Das zeigt auch gleich, in welchen Kategorien die Rezipienten am empfänglichsten sind.

Einen der Sieger gibt es nicht mehr, nämlich die Quelle. Unter den Gewinnern waren einige Medien wie Focus und Spiegel, WISO und ARD Ratgeber Recht. Die Gewinner unter den Unternehmens-Newslettern sind großteils sehr angebotslastig. Das gilt für Ikea ebenso wie für Aldi. Gut gelungen ist der Newsletter von Handwerk.com. Klare Überschriften und Rubrikentitel fallen bei diesem Newsletter besonders ins Auge. Dazu ein kurzer Text, der schildert, worum es geht und dann der Link zum gesamten Inhalt. Dazu noch zu jedem Beitrag ein Bild oder eine Grafik.

Abbildung 12: Newsletter

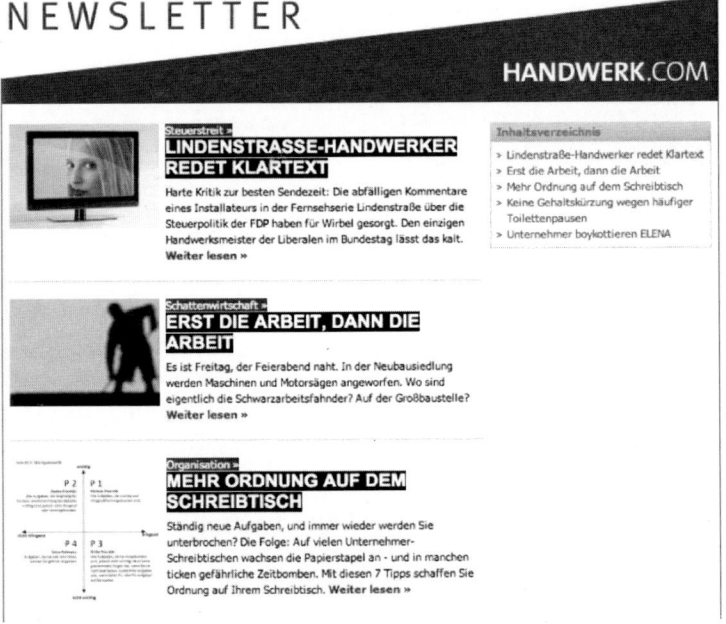

© 2010 CROSSMEDIALE PRESSEARBEIT
QUELLE: HANDWERK.COM

3.5 Mediencorner: die zentrale Informationsdrehscheibe

Bewertung

Unternehmen		Medium	
Bedeutung	++	Bedeutung	++
Aufwand/Praktikabilität	–	Aufwand/Praktikabilität	+
Dialogorientierung	O	Dialogorientierung	O
Zukunftsentwicklung	++	Zukunftsentwicklung	++
Online-Tauglichkeit	++	Online-Tauglichkeit	++

Wenn Journalisten einen Mediencorner im Web aufsuchen, sind sie auf der Suche nach Zusatzinformationen zu einer Geschichte, an der sie arbeiten. Das Zeitbudget, das Journalisten täglich für die Recherche im Internet aufwenden, ist in den letzten Jahren rapide angestiegen und macht inzwischen bis zu drei Stunden aus.[47] Die zentrale Informationsdrehscheibe zwischen der Unternehmenskommunikation und den Journalisten ist der Mediencorner (bisweilen auch Presseportal genannt). Entsprechend hoch sind die Erwartungen der Recherchierenden an Aktualität und Interaktion. Wenn ihnen geholfen wird, ist die Chance, dass auch beim nächsten Artikel wieder auf Ihre Firmenhomepage geschaut wird und damit der Name Ihres Unternehmens fällt, enorm. Der Mediencorner muss so etwas wie eine zentrale Servicestelle, der „One-stop-shop" für Journalisten sein.[48] Er könnte aber auch Quelle für tiefer gehende Recherchen sein. Ich verwende hier bewusst den Konjunktiv, weil dieser Möglichkeit viel zu wenig Beachtung geschenkt wird.

Nehmen wir ein Beispiel aus der jüngeren Wirtschaftsgeschichte: Griechenland stand kurz vor dem Staatsbankrott. Vielleicht recherchiert gerade ein Wirtschaftsjournalist, wie sich die griechische Tragödie auf einzelne Exportunternehmen auswirkt, wie sie reagieren, wie der Absatz sich angesichts verunsicherter Konsumenten entwickelt, ob Unternehmen sich vielleicht sogar überlegen, sich aus dem Markt zurückzuziehen usw. Wenn auf Ihrer Homepage eine Abhandlung über dieses Thema stünde, das die Suchmaschinen gut finden, können Sie sicher sein, dass

---

47 Siehe dazu die Studien des Institutes für angewandte Medienwissenschaft der Zürcher Hochschule Winterthur, insbesondere: http://www.zhaw.ch/fileadmin/user_upload/linguistik/_Institute_und_Zentren/IAM/pdfS/Forschung/Projekte/Studie_Internet_2005.pdf

48 Caja Thimm, Jasmin-Dominique David: Internet-Presseportale. Eine Benchmarking-Analyse. In: Caja Thimm/Stefan Wehmeier (Hrsg.): Organisationskommunkation online. Grundlagen, Praxis, Empirie. Frankfurt am Main 2008, S. 147ff.

Sie damit auch zitiert werden. Es ist alles nur eine Frage des Storytellings und des Timings. Leider wird, wie ich in meinem Buch „Profil durch PR" gezeigt habe, von den Unternehmen nicht sehr weit links und rechts der ausgetretenen Themenpfade geschaut, wo sich lohnende Geschichten finden könnten.

Weil Journalisten diesbezüglich wenig verwöhnt werden, haben sie auch nicht allzu hohe Erwartungen an das, was Mediencorner von Unternehmen leisten können. Das PR-Magazin hat vor Kurzem einen Fachbeitrag publiziert, der eine Befragung von Journalisten über die Wichtigkeit der Angebote im Online-Pressebereich wiedergibt.[49] An erster Stelle steht die Auffindbarkeit der Ansprechpartner mit Kontaktdaten. An zweiter Stelle folgen aktuelle Medienmitteilungen. Platz 3 teilen sich das Pressearchiv und Fotos, danach kommen Medientermine, Video- und Audiodateien.

Das Archiv im Mediencorner hilft bei der Recherche, wobei nicht immer nur die neuesten Nachrichten entscheidend sind. Bisweilen machen sich Journalisten auch den Spaß, Aussagen von früher auf ihre Umsetzung zu hinterfragen. Sie sollten also genau im Auge behalten, was in Ihrem Archiv steht und wie sich das zur gegenwärtigen Realität verhält. Nicht publizitätspflichtige Unternehmen sollten sich auch bewusst sein, dass der Wahrheitsgehalt von Aussagen über den Geschäftserfolg nicht nur über das Archiv im Mediencorner gegengecheckt werden kann, sondern auch über das Handelsregister (in Deutschland werden die Bilanzen von Kapitalgesellschaften beim elektronischen Bundesanzeiger veröffentlicht) bzw. Firmenbuch. Viele Wirtschaftsjournalisten nehmen regelmäßig in die Bilanzen jener Unternehmen Einblick, über die sie häufiger schreiben oder die plötzlich in das Blickfeld der Öffentlichkeit geraten. Wenn Sie beispielsweise über ein neues Produkt, eine Erfindung oder einen Großauftrag berichten, kann es Ihnen leicht passieren, dass Sie plötzlich zu lesen bekommen, dass Sie zwar jetzt einen Erfolg vermelden, dass Ihre Bilanz des Vorjahres aber tiefrote Zahlen ausweist.

Die Lehre, die Sie daraus ziehen können: Wenn Sie Ihre Bilanz an Handelregister oder Firmenbuch schicken, bereiten Sie auch eine Medienmitteilung vor, die das Bild der Bilanz realistisch und ehrlich abbildet. Auf diese Information können Sie bei Medienmitteilungen hinweisen – entweder in Form eines Links oder durch einen kurzen Absatz am Schluss der Medienmitteilung (wenn Sie nicht viel häufiger als ein Mal pro Monat an die Medien herantreten). Nicht zu kommunizieren, verbietet sich für Unternehmen ab einer bestimmten Größenordnung, da die Bilanzen ohnedies einsehbar sind. Seien Sie sich bewusst, dass es noch nie so einfach wie heute war, Fakten auf ihren Wahrheitsgehalt hin zu checken. Öffentlichkeits-

---

49   Ulrike Röttger/Joachim Preusse/Jana Schmitt: Anforderungen und Ansprüche von Fachjournalisten an Onlinepressebereiche. In: prmagazin 1/2009, S. 62.

arbeit war nie (wenn sie seriös betrieben wurde) eine Schönfärbungsdisziplin und sie ist es heute schon gar nicht mehr.

Abbildung 13: Mediencorner

© 2010 CROSSMEDIALE PRESSEARBEIT
QUELLE: MAERKLIN.DE

Mit nur einem Klick zum Mediencorner

Bei der Erstellung der Sitemap muss beim Mediencorner Folgendes berücksichtigt werden: Der Pressebereich muss als eigener Navigationspunkt leicht auffindbar sein. Interessanterweise wird meist die Bezeichnung „Presse" verwendet, obwohl sich das Angebot nicht nur an die Printmedien wendet. Akzeptabel ist auch „Aktuelles", da hier sehr häufig Medieninfos zu finden sind. Seien Sie sich auf jeden Fall der Bedeutung des Mediencorners bewusst. Dieser Bereich wird nämlich von allen Usern sehr häufig genutzt – also auch von Nicht-Journalisten!

☑ CHECKLISTE MEDIENCORNER

Auf der Startseite der Unternehmens-Webpage gibt es einen direkten Link zum Mediencorner.

Der Mediencorner verfügt über eine übersichtliche Struktur, eine Sitemap sowie eine Volltextsuche.

Die Informationen sind aktuell und schnell zu finden. Schlagzeilen, kurze Texte, logisch aufgebaute Informationseinheiten führen den Suchenden durch das Informationsangebot.

Die Volltextsuche macht das rasche Auffinden der gesuchten Themen möglich, ohne dass sich der User durch den ganzen Suchbaum klicken muss. Die Volltextsuche betrifft nicht nur die Medieninformationen, sondern auch Publikationen, White Papers (neutrale Fachbeiträge), Fotos, Grafiken, Vod- und Podcasts etc.

Falls Fragen auftauchen, findet sich auch ein kompetenter Ansprechpartner, der per Mail oder Telefon erreichbar ist. Telefonnummer und E-Mail-Adresse für Journalistenanfragen sind einfach zu finden, die Kontaktperson(en) werden in Wort und Bild vorgestellt. Diese Personen sind gut erreichbar und die Reaktionszeiten sind kurz.

Schaffen Sie einen Standard, wann Presseanfragen erledigt oder zumindest quittiert sein müssen. 24 Stunden ist das Maximum, bei tagesaktuellen Medien dürfen es höchstens zwei Stunden sein.

Die Informationen sind einfach zugänglich. Medienseiten, die nur über Passworte erreichbar sind, bleiben ein Buch mit sieben Siegeln: Ungelesen. Es macht auch keinen Sinn, Zugangsbeschränkungen als Privilegierung von Journalisten zu verkaufen. Die wollen das nämlich gar nicht und haben sie auch nicht nötig. Abgesehen davon, dass Sie sich damit einer enormen Chance berauben. Der Mediencorner gehören zu den Bereichen, die am häufigsten genutzt werden.

Alle Unterlagen sollten sofort weiterverarbeitbar sein. Es gilt hier das Gesetz der schnellen Verwertung. Wenn ein Text zu einer Geschichte passt, muss die Passage als Zitat mit einem Mausklick kopierbar sein. Jeder Zwischenschritt kann dazu führen, dass die Kommunikation abgebrochen wird. Das gilt auch für pdf-Files, die erst heruntergeladen werden müssen oder im schlimmsten Fall sogar mit einem Kopierschutz versehen sind.

Jede Seite muss auch für sich allein ausdruckbar sein.

Es gibt eine Pressemappe mit den wichtigsten Informationen zum Unternehmen inklusive Organigramm, Vorstellung der wichtigsten handelnden Personen sowie Tabellen und Grafiken zur Geschäftsentwicklung.

Der Mediencorner enthält aktuelle Medienmitteilungen und ein Archiv der wichtigsten Meldungen, die chronologisch geordnet sind (die jüngste steht ganz oben). Die Dokumente werden als pdf und in Druckversion angeboten. Die Texte sind mit dazugehörigen Dokumenten, Grafiken und Fotos verlinkt, sodass eine einfache Zuordnung zu einzelnen Themen möglich ist.

Die Sprachvarianten decken die Bedürnisse der recherchierenden Journalisten ab. Bei international tätigen Unternehmen bedeutet das, dass der Mediencorner auf jeden Fall in die Sprachen der wichtigsten Märkte bzw. Standorte übersetzt ist.

Bilder sind in einer Auflösung von 300 dpi für den Druck und 72 dpi für den Bildschirm verfügbar.

Thumbnails, also daumennagelgroße Fotos (die durch ein Anklicken auch vergrößert werden können) und ein Inhaltsverzeichnis geben einen Überblick über das vorhandene Fotoarchiv. Die Thumbnails können mit einem Klick vergrößert werden.

Die Fotos haben eine Bildunterschrift, aus der hervorgeht, was oder wer zu sehen ist. Zudem erfolgt ein Hinweis auf den Fotografen, (Quellen- oder Urheberangabe) auf die Größe und das Entstehungsdatum des Fotos.

Als Journalist kann man sich einfach in eine Newsletter-Abo-Liste eintragen und neue Inhalte via RSS abonnieren.

Unternehmenspublikationen und Geschäftsberichte können einfach als pdf heruntergeladen werden. Wenn möglich, werden die darin enthaltenen Datensammlungen gesondert als laufend aktualisierte Datenbanken angeboten.

Zu den Investor-Relations-Seiten (falls vorhanden) gibt es eine klare Abgrenzung.

Der Veranstaltungskalender (Messebeteiligungen, Seminare, Pressetermine etc.) gibt übersichtlich, aktuell und vollständig Auskunft über relevante Termine.

Die Site verfügt über einen Link, über den sich die Journalisten beispielsweise zu Pressekonferenzen anmelden können.

Pressekonferenzen können per Internet-Video oder -Audio verfolgt werden (Streamingkanal zur Liveübertragung).

Thyssen Krupp

Sehr übersichtlich ist der Mediencorner von Thyssen-Krupp (http://www.thyssenkrupp.com/de/presse/index.html). Unter der Rubrik Presse finden sich fünf Rubriken: Presseinformationen, Bilder, Videos, Veranstaltungen und Ansprechpartner. Die Presseinformationen sind chronolgisch geordnet und die jeweiligen Themen farblich hervorgehoben. Unterschieden wird in Presse- und Fachpresse-Mitteilungen. Manko: Die Fotos sind nicht direkt den Medieninformationen zugeordnet. Wenn ein Journalist seine Geschichte illustrieren möchte, muss er erst die Thumbnails durchstöbern. Erst beim Klicken auf das jeweilige Pressefoto wird die Beschreibung sichtbar. Ein Link bei den jeweiligen Medieninformationen würde die Suche vereinfachen. Sehr gut gemacht ist der Bereich Video, in dem sich Audio- und Videofiles finden. Die Ansprechpartner für die Medien werden mit Fotos und allen Kontaktdaten vorgestellt. Das macht die Kontaktaufnahme einfach.

McDonald's

In vier Rubriken ist der Mediencorner von McDonald's Österreich (http://www.mcdonalds.at/#/presse/) eingeteilt: Medienmitteilungen, Bildmaterial, Pressemappen und Kontakt. Jede Rubrik wird durch ein Foto illustriert, sodass gleich ersichtlich wird, worum es geht. Die dazugehörige Geschichte wird durch ein paar Zeilen angeteasert, mit dem Klick auf „Mehr" erscheint sofort der ganze Text, der entweder kopiert oder heruntergeladen werden kann. Die Fotos zu den Texten werden als ZIP-Datei heruntergeladen, was mit einem Klick möglich ist. Es fehlt ein übersichtliches Fotoverzeichnis und -archiv.

3.6 Leserbriefe und Postings: Wider- und Zuspruch der Rezipienten

Bewertung

Unternehmen		Medium	
Bedeutung	O	Bedeutung	++
Aufwand/Praktikabilität	+	Aufwand/Praktikabilität	+
Dialogorientierung	+	Dialogorientierung	++
Zukunftsentwicklung	O	Zukunftsentwicklung	O
Online-Tauglichkeit	+	Online-Tauglichkeit	+

Die Bedeutung von Leserbriefen als Kommunikationsinstrument von Unternehmen wurde meiner Erinnerung nach erstmals in den Sechzigerjahren durch eine Studie über den Stellenwert der Lesermeinungen im „Spiegel" dokumentiert. Das Ergebnis damals: Die Leser des Nachrichtenmagazins maßen den Äußerungen der Schreiber an den Verlag größte Bedeutung bei. Am Stellenwert der Leserbriefe hat sich über die Jahrzehnte relativ wenig geändert. Generell stehen laut einer 2007 publizierten Studie Leserbriefe an vierter oder fünfter Stelle des allgemeinen Leserinteresses.[50]

Sehr gezielt setzt die deutsche Bildzeitung oder die österreichische Kronenzeitung Leserbriefe als Verstärker für laufende Medienkampagnen ein. Hier - wie natürlich auch in anderen Printmedien, die damit die Leser-Blatt-Bindung forcieren wollen - findet eine starke Synchronisierung von redaktioneller Linie und der Tendenz der Lesermeinungen statt. Wenn am Boulevard Aufregung im Volk suggeriert werden soll, drückt sich das immer in einer „Flut" von Lesermeinungen aus. In allen Redaktionen werden Leserbriefe und -anrufe sehr genau registriert, weil sie Seismografen des Meinungsklimas bei den eigenen Lesern sind, das vernünftigerweise natürlich besonders ernst genommen wird.

Leserbriefe dienen aber auch oft dazu, falsche oder einseitige Berichterstattung zurechtzurücken. Sie sind also eine Form der Entgegnung. Leserbriefe können aber noch mehr: Sie rücken wichtige Themen ins öffentliche Bewusstsein, erhöhen gegebenenfalls den Bekanntheitsgrad des Absenders und signalisieren Expertise. Genau das kann ein sehr wesentliches Kommunikationsziel von Unternehmen oder sie repräsentierenden Personen sein. Diese Form des Feedbacks hat auch heute noch ihren Stellenwert, wenngleich inzwischen die neuen Technologien mit ihrer Interaktivität dabei sind, dem Leserbrief seinen Rang abzulaufen.

Nachstehend einige Tipps zum Verfassen von Leserbriefen:[51]

▶ Beziehen Sie sich bei Ihrer Meinungsäußerung auf einen aktuellen Artikel. Für die Redaktionen sind Leser-, Hörer und Sehermeinungen wichtige Signale. Ruft ein Thema besonders viele Reaktionen hervor, wird die Geschichte sicher länger „gespielt".

▶ Wenn Ihr Unternehmen in einem Bericht nicht gut wegkommt, rufen Sie bei negativer Berichterstattung die Redaktion an und schlagen Sie einen Leserbrief zur Gegendarstellung vor. Diese Bitte wird fast immer aufgegriffen - nicht zuletzt aus medienrechtlichen Gründen.

---

50 Siehe dazu auch die Studie von Julia Heupel: Der Leserbrief in der deutschen Presse. München 2007.
51 http://www.medienarbeit.at/content/view/8/3/

▶ Reagieren Sie rasch, damit der Leserbrief in der nächsten bzw. übernächsten Ausgabe erscheinen kann. Die ursprüngliche Meldung, auf die sich die Äußerung bezieht, sollte nicht zu lange zurückliegen. Der Leserbrief braucht heute nicht mehr mit der Post geschickt zu werden. Die meisten Reaktionen erfolgen natürlich inzwischen per E-Mail.

▶ Berücksichtigen Sie die textlichen und inhaltlichen Ansprüche der Redaktionen. Klären Sie diese gegebenenfalls im Vorhinein ab.

▶ Schreiben Sie kurz und bündig und vom Stil her passend für das betreffende Medium. Sie erhöhen dadurch die Chance auf Veröffentlichung. Zu lange Briefe werden von den Redaktionen gekürzt.

▶ Formulieren Sie sachlich und behalten Sie die Fakten im Auge. Werden Sie nicht beleidigend. Schreiben Sie interessant und pointiert.

Der Leserbrief ist ein probates und schnell wirksames Mittel, um einseitige oder falsche Berichterstattung zu korrigieren und deshalb auch allemal besser als eine formale Gegendarstellung, die in den Redaktionen nicht gerne gesehen wird, weil sie sehr nach Maßregelung aussieht. Wenn ein Fehler – was ja vorkommen soll – gar zu krass ist, empfiehlt es sich, direkt mit dem Verfasser eines Artikels telefonischen Kontakt aufzunehmen. Ansonsten gilt, was Knut S. Pauli[52] so formliert hat: „Besser als mit dem Schwert fechten betroffene Unernehmer mit dem Florett des Leserbriefs."

Was der Leserbrief für die Printmedien, sind die Postings bei Online-Publikationen. Auch diese Form des Feedbacks wird genau registriert, insbesondere hinsichtlich der Menge der geposteten Rückäußerungen. Themen, die niemanden zur Widerrede oder zum Zuspruch herausfordern, sind meist sehr schnell wieder in der Versenkung verschwunden, solche mit vielen Rückmeldungen haben gute Chancen, weiter „Karriere" zu machen.

---

52   Knut S. Pauli: Leitfaden für die Pressearbeit. Anregungen. Beispiele. Checklisten. München, 3. Aufl. 2004, S. 199

3.7 Pod- und Vodcasts: Ton und Bild machen Unternehmen anschaulich

Bewertung

Unternehmen		Medium	
Bedeutung	-	Bedeutung	O
Aufwand/Praktikabilität	O	Aufwand/Praktikabilität	+
Dialogorientierung	O	Dialogorientierung	-
Zukunftsentwicklung	+	Zukunftsentwicklung	+
Online-Tauglichkeit	++	Online-Tauglichkeit	++

Produkte und Dienstleistungen werden mit Emotion verkauft. Und nichts erzeugt Emotion besser als bewegte Bilder. Sie gelten „mehr denn je als authentischste Darstellung von Wirklichkeit. Ihre Dramaturgie folgt den Regeln der menschlichen Rundum-Wahrnehmung, mit allen Vor- und Nachteilen der Emotionalisierung, Manipulation oder Suggestion."[53]

Unternehmensvideos wurden neben der TV-Werbung früher in erster Linie bei Schulungen, Produktpräsentationen oder auf Messen eingesetzt. Mit der massenmedialen Verbreitung über das Internet hat das Bewegtbild in der Medienarbeit heute einen ganz anderen Stellenwert erhalten als früher. Gebräuchlich ist der Begriff Podcast. Er bezeichnet das Produzieren und Anbieten von Mediendateien (Audio oder Video) über das Internet, bisweilen auch als Pod- und Vodcasts (oder Videocasts) etwas differenzierter nach Wort- und Bildbeiträgen benannt. Das Wort setzt sich aus den beiden Wörtern iPod und Broadcasting zusammen. Apple ist auch maßgeblich am Erfolg dieses für die „YouTube-Generation" maßgeschneiderten Tools verantwortlich.

Kernzielgruppe von Podcasts ist ein junges Publikum mit hoher TV-Affinität. Umfragen haben gezeigt, dass junge Leute besonders stark auf Websites reflektieren, die ihnen bewegte Bilder liefern. Die YouTube-Generation kann wenig mit Textwüsten anfangen. 92 Prozent der 14- bis 29-Jährigen rufen Videos ab oder schauen live bzw. zeitversetzt Fernsehsendungen im Netz, gut die Hälfte davon regelmäßig.[54] Auf den ersten Blick sind die dialogischen Möglichkeiten zwar kaum größer als bei einer Medienmitteilung. Durch die schneeballartige Verbreitung von Clips

---

53 Schulz-Bruhdoel/Bechtel(2009), S. 158.
54 Ansgar Zerfaß/Martin Mahnke: Von Print zu Video? Bewegtbild im Internet als Herausforderung für die Unternehmenskommunikation. In: prmagazin 1/2009, S. 59.

durch virale Weiterempfehlung und Kommentierung kommen Clickraten zustande, die nicht selten weit über denen von TV-Sendungen liegen.

Das Nutzungsverhalten geht einher mit relativ einfacher Produktion und Verbreitung sowie zunehmender Bereitschaft, als „Amateur" selbst aktiv Content zu liefern. Videoplattformen wie YouTube und MyVideo fördern den Drang, sich mit besonderen Fähigkeiten zu outen, kreativ zu werden, Meinung zu äußern oder einfach nur dem ganz gewöhnlichen Exhibitionismus zu frönen. Die diversen „Tubes" machen dem Fernsehen Konkurrenz. Das vermittelt zumindest der Videoblog www. ehrensenf.de, der so heißt wie der große Bruder, nur eben mit durcheinander gebeutelten Buchstaben. Das Anagramm ist dabei auch noch ein nettes Wortspiel, das sich über den Senf, den es täglich im TV zu sehen gibt, auch noch lustig macht. Nervig ist allerdings, dass vor jedem Video erst einmal die Werbung kommt, die sich nicht wegblenden lässt.

Vodcasts leben von Esprit und Originalität

Für die Unternehmenskommunikation ist die Kommunikation mittels Bewegtbild eine nicht geringe Herausforderung. Denn gute Vodcasts leben von Esprit und Originalität, der Authentizität und den rhetorischen Fähigkeiten der Manager und Mitarbeiter. Gefragt sind dabei nicht nur Vorstandsvorsitzende. Wenn es um neue Produkte geht, ist der Produktmanager näher am Thema, beim Recyclingprojekt der Umweltbeauftragte. Alles, was Sie ins Netz stellen, wird an Benchmarks gemessen. Deshalb Vorsicht vor Dilettantismus. Das kann sehr schnell zu Spott und Hohn führen. Das beste Beispiel dafür ist der unsägliche Spot des österreichischen Bundesheeres, der zum Hit auf Youtube wurde. Aus dem Stand heraus schaffte es das Macho-Video auf Zehntausende Zugriffe, weil die gesamte Community sich ausschüttete vor Lachen über so viel Dummheit.

Für Unternehmen ist zweierlei wesentlich: An erster Stelle steht die Wahl des Produktionsteams. Sie brauchen keinen Regisseur vom Format eines Michael Haneke oder Stefan Ruzowitzky. Aber Sie müssen auf Professionalität und Kreativität achten. Hüten Sie sich vor Dilettanten, die zwar billig sind, dafür aber ein peinliches Ergebnis abliefern. Und werfen Sie die Repräsentanten Ihres Hauses nicht ins eiskalte Wasser. Niemand wird als Schauspieler geboren und Sie müssen auch keiner werden, wenn Sie glaubhaft Ihre Unternehmensbotschaft verbreiten möchten. Aber es macht durchaus Sinn, sich vor dem Auftritt coachen zu lassen, denn niemand sieht sich selbst gerne bei einem bestenfalls suboptimalen Auftritt vor der Kamera.

Wie es richtig gemacht wird, können Sie auf den Websites der meisten börsennotierten Unternehmen anschauen. Da kommen die Vorstände mit den wichtigsten Aussagen bei der Bilanzpressekonferenz zu Wort. Auch die Aussagen bei der Analystenkonferenz werden ins Netz gestellt. BMW gilt unter den Automobilherstellern als Vorreiter. Die Vorstellung neuer Modelle oder die Berichte über Probefahrten erzielen regelmäßig mehr als 10.000 Zugriffe. Auch Mercedes-Benz hat mit der Vorstellung der R-Klasse ein eigenes TV-Programm gestartet. Gleiches gilt inzwischen auch für viele Tourismusregionen, die ständig neue Filme online stellen.

Die Videos werden entweder auf der eigenen Homepage und/oder zusätzlich auf Podcast-Portalen als Live-Stream ohne die Möglichkeit des Herunterladens (Filme) oder wahlweise zum Soforthören oder Herunterladen (Audiodateien) bereitgestellt. Der Vorteil des Uploadens auf eine Plattform ist, dass Sie keinen Speicherplatz auf der eigenen Homepage benötigen. Es genügt ein Link. Unternehmensvideos im Internet zu veröffentlichen, ist Dank YouTube, sevenload.de, MyVideo, Clipfish, etc. längst kein Problem mehr.

Auf businessworld.de hosten Unternehmen ihr Video, um neue Kontakte vor allem im B2B-Bereich herzustellen. Dazu können Unternehmen aus allen Branchen ihre Präsentationsfilme und Werbespots hochladen, um auf sich in einem angemessenen Umfeld aufmerksam zu machen.

Wenn Sie sich orientieren wollen, was Unternehmen produzieren, schauen Sie sich einmal Videocasts auf der Plattform www.businessworld.de oder www.netmovie.at an.

Hörbeispiele mit Motorgeräusch und Abrisshammer

Ein gutes Beispiel für Unternehmens-Podcasting ist die ÖBB. Ob Abriss des Wiener Südbahnhofes oder Ausbau der Westbahn, immer ist der „Podcast am Zug". Bei Porsche erhält man Infos über Messen und Modelle - immer untermalt vom speziellen Sound der Sportwagen. Die beiden nachstehend beschriebenen Podcast-Portale können Sie selbst auf interessante Beispiele durchforsten, die vielleicht gerade für Ihr Unternehmen zur Nachahmung geeignet wären.

Einfach zum Nachmachen:

Abbildung 14: Podcast

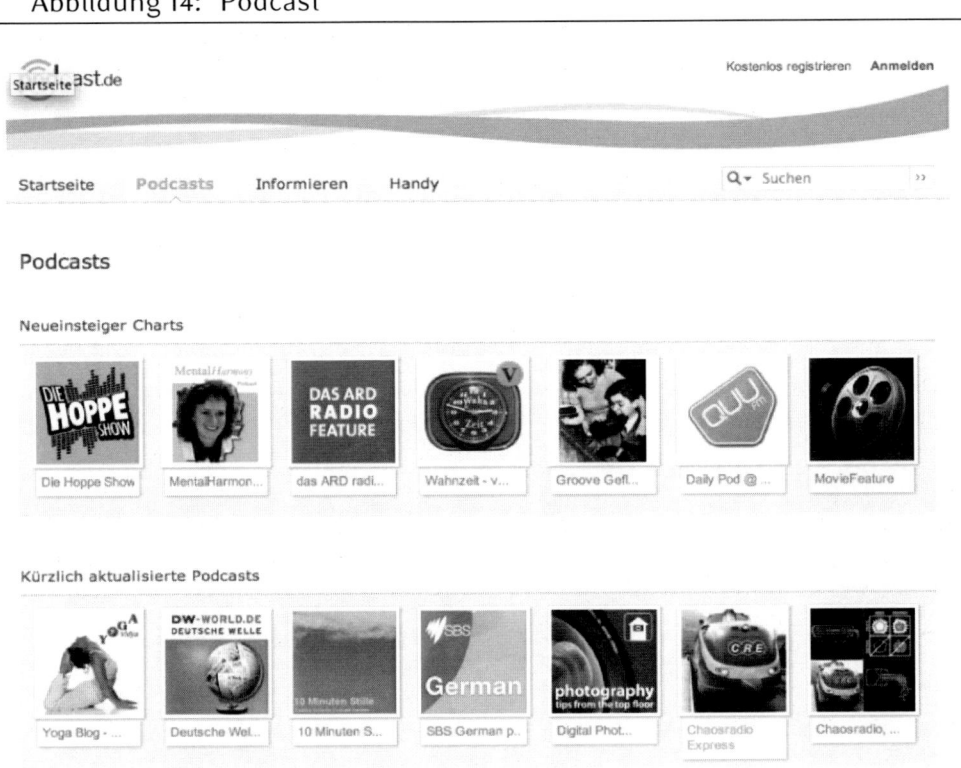

© 2010 CROSSMEDIALE PRESSEARBEIT

QUELLE: PODCAST.DE

Das Internetportal podcast.de bietet dem Besucher über 1.500.000 Hörbeiträge und Videos aus 7.000 Quellen. Die Mitglieder (nach Eigenangaben sind es über 50.000) können Bewertungen vornehmen und eigene Playlists erstellen.

Besonders spannend ist es, sich bei den Qualitätssendern - wie zum Beispiel Radio Österreich 1 - anzuhören, was sich dort on demand hören lässt: Von Nachrichten in Englisch oder Spanisch bis zur eigenen Kinderuni mit recherchierenden Jungreportern reicht das Angebot an ständig verfügbaren Podcasts. Unter www.podcast.com und www.videocast.com werden englischsprachige Beispiele gelistet.

Virales Marketing

Gefragt ist immer häufiger auch virales Marketing. Damit sind Kommunikationsmaßnahmen gemeint, die sich wie ein Virus bei der Zielgruppe verbreiten. Häufig wird dies durch witzig gemachte, kurze Videoclips zum Beispiel auf YouTube erreicht. Der angesprochene Kunde leitet diese Videos bei Gefallen an seine Freunde weiter, sodass ein Schneeballeffekt entsteht. Ein prominentes Beispiel jüngeren Datums ist das Video der Fluggesellschaft Southwest Airlines, das einen Flugbegleiter zeigt, der die Sicherheitshinweise und seine Getränke- und Speisenangebote rappt. In zwei Wochen erzeugte das Video fast 900.000 Aufrufe. Nett ist sein Hinweis, dass er die Art des Vortrages wähle, weil er sonst beim Vortrag einschliefe. Viele erfolgreiche Videos werden von Unternehmen geschickt lanciert. Solche Videos haben zwar den Charakter des Spontanen, sind aber meistens geplant und organisiert.

Ein witziges Beispiel sind die Schweizer Felsenputzer, die zum 1. April 2009 online gingen und zeigten, wie die Eidgenossen ihre Berge vom Schmutz der Vögel befreien, um ihren Gästen unbeschwerte Ferien zu ermöglichen.[55] Bei diesem Clip machen sich die Eidgenossen über sich selbst lustig, indem sie sämtliche Klichees bedienen, die über sie im Umlauf sind. Weil man den Eidgenossen so viel Selbstironie kaum zutraut, ist dieser Clip umso amüsanter.

Tourismusdestinationen, die ihre Gäste über perfekten Service und einmaliges touristisches Angebot hinaus emotional und kommunikativ an sich binden wollen, sind überhaupt extrem innovativ, was die optische Inszenierung betrifft. Sie ermuntern die Urlauber, eigene Videos oder Fotos mit Bezug zur jeweiligen Region bzw. dem Tourismusbetrieb zu machen und auf eine Online-Plattform zu laden. Sie stellen also ihre schönsten Urlaubsimpressionen, die atemberaubendsten Landschaftsfotos oder die spektakulärsten Partybilder ins Internet und versenden ihre Beiträge als Link oder E-Card an Freunde und Bekannte. Der Anreiz sind die in Aussicht gestellten Gewinne, die winken, wenn ihr Beitrag oft angesehen und/oder möglichst gut bewertet wird.

Es liegt also im Interesse der Gäste, ihre Videos und Fotos vielen Menschen zugänglich zu machen. Die eingeladenen Freunde und Bekannten werden auf diese Weise auf die Webseite des Unternehmens oder des Tourismusverbands geführt. Auch sie können zusätzlich durch Gewinnchancen animiert werden, dort aktiv zu werden, z.B. zu voten oder Kommentare zu schreiben.

---

55   http://www.vimeo.com/3881005

Daraus ergeben sich mehrere Vorteile: Sowohl die Gäste als auch die von ihnen eingeladenen Freunde und Bekannten setzen sich intensiv mit der Region, dem Betrieb, der Marke auseinander. All dies ist mit Spaß verbunden, da sie kreative, lustige oder schöne Momente bewusst suchen, um sie festzuhalten.

Neben der enormen Menge an Traffic liefert diese Form der viralen Kommunikation vor allem eines: massenhaft Content, der sich quasi von selbst erneuert. So bekommen auch die „normalen" Website-Besucher viel mehr geboten als auf der Corporate Website allein. Es gibt ständig Neues zu sehen und die Region oder das Unternehmen bzw. dessen Produkte werden authentisch vermittelt – nämlich von anderen Gästen und Usern.

Medien als Plattformen

Fast alle Radio- und Fernsehsender bieten inzwischen Pod- und Vodcasts zu verschiedenen Themenbereichen an. Die Inhalte sind neben Informations- und Bildungssendungen häufig Interviewsendungen und ab 2008 auch einzelne Spielfilme, die entweder temporär für einige Tage oder dauerhaft über eine sogenannte Mediathek (z.B ZDF-Mediathek) zum Konsum über Live-Stream oder Herunterladen bereitgestellt werden.

Speziell die Printmedien setzen zunehmend auf Bewegtbilder und Audiofiles, um ihre themenspezifische Kompetenz zu unterstreichen. Das können Unternehmen natürlich versuchen, zu nutzen, indem sie entsprechendes Material anbieten. Aber Vorsicht: keine Schleichwerbung! Am besten, Sie sehen sich einmal ganz genau die für Sie wichtigsten Medien an und beobachten Sie zudem genau, was Ihre Mitbewerber schon alles tun. Sollten Ihre Marktbegleiter noch nicht aktiv sein: umso besser. Schließlich ist es immer vernünftiger, auf der Welle vorne mitzusurfen als in der auslaufenden Gischt durchgebeutelt zu werden.

Für die professionellen Öffentlichkeitsarbeiter in Unternehmen und Agenturen verändert der Bewegtbildtrend das Berufsfeld: „PR-Verantwortliche müssen künftig möglicherweise mehr leisten, als Presseinformationen oder O-Töne zu versenden, beziehungsweise zielgruppenorientierte Texte für eigene Medien zu erstellen."[56] Das betrifft einerseits die Produktion eigener Corporate-TV-Angebote, die teilweise bei großen Unternehmen schon realisiert werden, andererseits die Medienarbeit, dort bringt diese Kommunikationsform doch einen erheblichen Paradigmenwechsel in den bislang gelernten textlastigen PR-Alltag.[57] Fazit der Studie

---

56 Ansgar Zerfaß/Martin Mahnke(1/2009), S. 60.
57 Näheres dazu auch unter www.bewegtbildstudie.de

von Ansgar Zerfaß: „Journalisten und PR-Verantwortliche in Deutschland sind für den Trend zum Bewegtbild im Internet nur unzureichend gerüstet."[58] Wobei Letztere noch viel schlechter vorbereitet sind als Erstere. Bei den Agenturen spielt sicher auch das Kostenargument eine Rolle: Personal muss geschult werden, Equipment angeschafft und nicht zuletzt dem Kunden verkauft werden. Saumseligkeit kann hier aber fatal sein. Denn: Es ist zu erwarten, dass die Nachfrage von bewegtem Content steigt und der frühzeitige Aufbau von Kompetenzen konkrete Profilierungsmöglichkeiten bietet.

➕ BEISPIELE AUS DER PRAXIS:

Abbildung 15: Vodcast

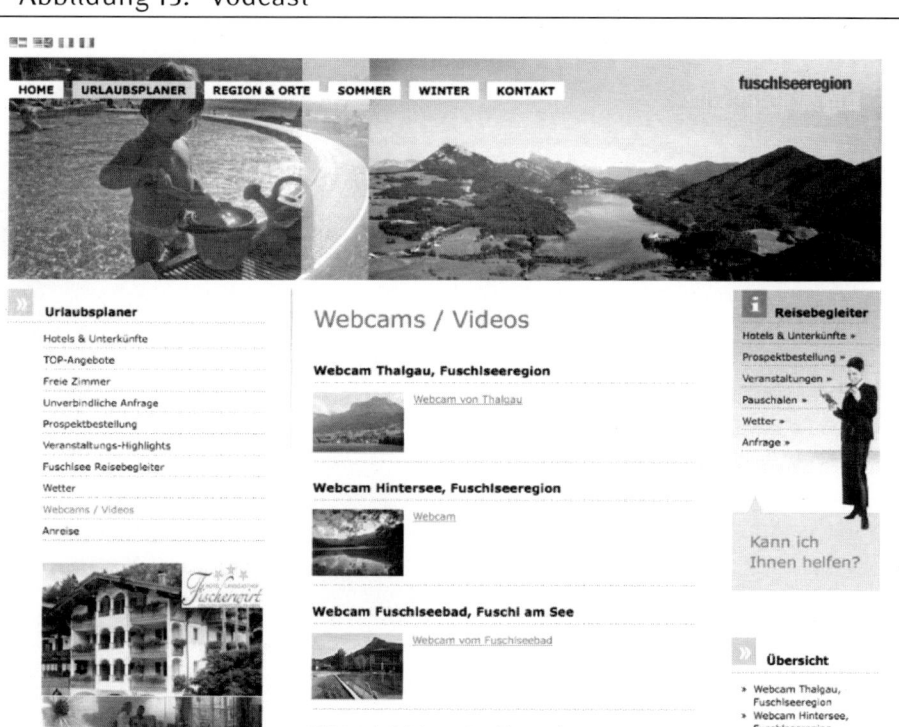

© 2010 CROSSMEDIALE PRESSEARBEIT

QUELLE: FUSCHLSEEREGION.COM

---

58   Ansgar Zerfaß/Martin Mahnke (1/2009), S. 61.

Videocasts sind besonders im Tourismus stark vertreten. Immer mehr Tourismus-
organisationen und Hotels animieren ihre Gäste, Urlaubsvideos auf YouTube zu
stellen und damit authentische Eindrücke zu vermitteln. Das schafft Emotion
und eignet sich ideal als Empfehlermarketing. Ein sehr gutes Beispiel dafür ist
die Fuschlseeregion. Die Gäste filmen sich selbst bei der Fahrt mit dem Auto
durch den Winterwald oder auf der Rodelbahn und zeigen so dem im Internet sur-
fenden Besucher der Destination, womit er sich bei einem künftigen Aufenthalt
die Zeit vertreiben kann.

3.8 Mobile Kommunikation: Smartphones verbessern die Erreichbarkeit

Bewertung

Unternehmen		Medium	
Bedeutung	- -	Bedeutung	+
Aufwand/Praktikabilität	-	Aufwand/Praktikabilität	-
Dialogorientierung	O	Dialogorientierung	O
Zukunftsentwicklung	++	Zukunftsentwicklung	++
Online-Tauglichkeit	++	Online-Tauglichkeit	++

So schnell ändern sich die Zeiten: Vor ein, zwei Jahren noch hätte es gelohnt, einen Exkurs darüber zu führen, ob manche Journalisten nicht eventuell auch über
SMS informiert werden sollten, wenn etwas Dringendes ansteht. Marcel Bernet bezeichnete noch 2006 die Medien-SMS als „modisches Muss"[59]. Heute ist das kein
Thema mehr, da ohnedies alle E-Mails auch am Handy empfangen werden können
und viele Benutzer mit ihren iPhones und deren Klonen auch Facebook und Twitter
ständig im Auge haben. Die mobile Kommunikation ist damit zu einem Feld der Interaktion geworden, das sehr tief in den Alltag der Rezipienten wie natürlich auch
der Medienvertreter eindringt.

Die YouTube-Generation genauso wie die Silbersurfer haben den Boden für die
mobile Kommunikation durch ihr verändertes Mediennutzungsverhalten bereitet.
On-Demand-Inhalte, die von den Usern selbst zusammengestellt werden, gewinnen
immer mehr Bedeutung. Und auf diese Gewohnheit will natürlich niemand mehr

---

59 Marcel Bernet (2006), S. 71.

verzichten, wenn er gerade unterwegs ist. Auf dem Weg zur Arbeit, auf Geschäftsreise abends im Hotel, im Urlaub: Die Verbindung zu den gewohnten Informations- und Unterhaltungskanälen darf nie gekappt sein.

Funktioniert die Verbindung nicht, macht sich Frustration breit. Die Hotellerie macht einen riesen Fehler, wenn sie keine oder kostenpflichtige WLAN-Verbindungen anbietet. Ich behaupte, dass gutes Essen und ein breites Animationsprogramm für die Online-Generation weniger wichtig sind als eine gute und kostenlose Verbindung ins Netz.

Treiber der mobilen Kommunikation sind die Medienunternehmen selbst, die Mobilfunkanbieter sowie die Handyhersteller. Ihre Motivation ist klar: Sie erwarten, „dass sie mit der Ausdehnung ihres medialen Angebots auf mobile Distributionsplattformen neue Nutzungsanlässe kreieren, die Erlösströme sowohl für die Medien- als auch die Telekommunikationsindustrien schaffen werden."[60] Entsprechend werden die Inhalte auch zunehmend individualisiert auf den Empfänger zugeschnitten. Jeder mobile Mediennutzer ist sein eigener Programmdirektor, die Inhalte kommen nach vorher zusammengestellter Playlist im Push-Verfahren. Die Strategien von Produzenten und Rezipienten lassen sich auf einen Nenner bringen: Nicht „Web first", sondern „Web always". Und zwar zu jeder Zeit und natürlich auch mobil.

Die Kommunikationswissenschaft hat sich des Themas schon vor einigen Jahren angenommen[61], nachdem in Deutschland und Österreich um viel Geld die UMTS-Lizenzen versteigert wurden. Forschungsschwerpunkte liegen im Bereich der Medienpädagogik, auch die Akzeptanz mobiler Kommunikation wird hinterfragt, die Möglichkeiten für die Medienarbeit werden meist anhand einzelner Social Media Tools angesehen.

Mit dem iPhone von Apple und dem folgenden Smartphone-Boom wurden von der Hardware-Seite her die Voraussetzungen für die rasche Verbreitung neuer Angebotsformen in der mobilen Kommunikation geschaffen. Damit entstehen auch für Unternehmen ganz neue Möglichkeiten der Interaktion. Während das mobile Marketing längst zu einem Massenmarkt geworden ist, wurden in der Medienarbeit bislang nur erste zaghafte Schritte unternommen, die Füßchen, die sich auf den Weg gemacht haben, stecken noch in ganz kleinen Babyschuhen.

Die Beschäftigung mit dem Thema lohnt sich auf alle Fälle, denn für die junge Generation sind Smartphones das angesagteste Spielzeug überhaupt. Die Fußball-

---

60 Valerie Feldmann: Perspektiven mobiler Medienkommunikation in der Informationsgesellschaft, Berlin o.J. (2005).
61 Joachim R. Höflich/Julian Gebhardt (Hrsg.): Mobile Kommunikation. Perspektiven und Forschungsfelder. Berlin: 2005.

Weltmeisterschaft in Südafrika hat gezeigt, wie rasch sich mobile Kommunikation im Eventbereich verbreitet.

Geotagging erlaubt es, Freunde über GPS-fähige Mobiltelefone zu orten und zu kontaktieren oder auch eine Kaufhausfiliale, die nächste Bank, Tankstelle etc. aufzufinden. Diese Art der Vernetzung von Unternehmens- mit Geoinformationen wird durch die mobile Kommunikation massiv gefördert. Es ist einfach angenehm, wenn Sie zum Beispiel auf einer Geschäftsreise einen Zwischenstopp einplanen und via Handy Infos zum Ort, an dem Sie sich befinden, abrufen können. Ihre Herausforderung in diesem Zusammenhang ist es, Ihre Daten so zu pflegen, dass sie am Mobiltelefon gelesen werden können bzw. dass sie auf den Karten gefunden werden. Dann kann Ihnen nicht passieren, dass jemand (Stand Frühjahr 2010!) in Wien eine Parkgarage sucht und als nächstgelegenen Parkplatz eine Adresse in Bratislava findet.

Sie müssen Ihre Kommunikationstools auf die Bedürfnisse der mobilen Kommunikation abstimmen. Das geht so weit, dass Sie sich sogar überlegen müssen, welche Software Sie für die Programmierung von Internetseiten verwenden. Für einige Aufregung hat gesorgt, dass Apple im April 2010 dem US-Softwareunternehmen Adobe die Tür für seine Software Flash CS5 zugeschlagen hat. Damit laufen flash-programmierte Seiten zwar auf den Macs, nicht aber auf dem iPhone, was in der Community natürlich heftige Diskussionen ausgelöst hat.[62]

Immer und überall online sein ist die Devise, die passenden Inhalte dazu finden, wird für die Unternehmen eine spannende Herausforderung. Ebenso wie der Zwang zur permanenten Erreichbarkeit. Aus- und Abschalten funktioniert in der Welt der mobilen Kommunikation nur noch ganz bedingt. Auch darüber müssen Sie sich bei der Organisation Ihrer Medienarbeit bewusst sein.

---

62   http://www.teltarif.de/apple-iphone-adobe-flash/news/38467.html

3.9 Corporate Communications: eigene Printmedien als Informationskanal

Bewertung

Unternehmen		Medium	
Bedeutung	+	Bedeutung	O
Aufwand/Praktikabilität	–	Aufwand/Praktikabilität	+
Dialogorientierung	+	Dialogorientierung	– –
Zukunftsentwicklung	–	Zukunftsentwicklung	–
Online-Tauglichkeit	+	Online-Tauglichkeit	O

Unter Corporate Publishing werden von Unternehmen selbst verlegte Printpro-dukte wie Kundenzeitschriften, Mitarbeiterzeitschriften, Mitgliederzeitschriften, Firmenzeitungen, Geschäftsberichte oder Bücher subsumiert. Heute wird darunter zudem auch die journalistische Informationsübermittlung über Online-Kanäle ver-standen. Durch die Vernetzung aller Publikationen (off- und online) ist Corporate Publishing ein wichtiges Instrument des Customer Relationship Managements.

Regelmäßige erscheinende Unternehmensmagazine sind jedenfalls ein starkes Instrument, um Kunden und Mitarbeiter auf dem Laufenden zu halten. Der richti-ge Mix aus Design, Informationsgehalt und Produktionsumfang eines Unterneh-mensmagazins ist hierbei ausschlaggebend. Inzwischen ist es fast schon Stan-dard, dass es eine starke Verlinkung zwischen Print- und Internet-Kundenmagazin gibt, wobei hier eigenständige Zusatzfeatures wie Podcasts, Gewinnspiele, weiter-führende Links und interaktive Meinungs- und Informationsforen angeboten wer-den sollten, um die Kunden dauerhaft zu binden.

Ein Drittel der Deutschen liest mehrmals monatlich Kundenzeitschriften, die von Unternehmen, Verbänden oder Organisationen herausgegeben werden.[63] Die Auflage der gedruckten Firmenpublikationen ist in den letzten Jahren (nicht zu-letzt aufgrund der hohen Versandkosten) dramatisch gesunken. Der deutsche Branchenverband FCP (Forum Corporate Publishing) bestätigt diese Einschätzung indirekt, wenn sein Vorsitzender bei der Auszeichnung der besten CP-Produkte jüngst meinte: „Die Explosion neuer Medienkanäle und der Trend zu Konvergenz-Lösungen verlangen von uns Corporate Publishern eine noch breitere Aufstellung.

---

63 Schulz-Bruhdoel/Bechtel (2009),S. 162.

Sonst besteht leicht die Gefahr, dass wir, sofern wir uns nicht noch stärker neuen Medienfeldern öffnen, schnell in eine Nische abgedrängt werden."[64]

Unternehmen sind in Deutschland trotz aller Rückgänge Großverleger: Geschätzte 3.000 bis 4.000 Titel und eine Gesamtauflage von über 450 Millionen sprechen für sich. Laut Wikipedia liegt der Umsatz der Branche, die diese Medien im Auftrag der Unternehmen herstellt, bei rund fünf Milliarden Euro.

Unternehmer werden dann zu Verlegern, wenn mit den Printprodukten ein Beitrag zur Markenführung geleistet werden kann, wie das bei Kundenmagazinen der Fall ist oder wenn damit die Informationsbedürfnisse von Shareholdern gedeckt werden können, wie das mit dem Geschäftsbericht geschieht. Gut geschriebene und gestaltete eigene Medien gelten auch heute noch als Aushängeschild jedes Unternehmens. Vor allem der Geschäftsbericht wird in der Regel mit ganz erheblichem Aufwand verfasst, gestaltet und gedruckt. Für börsennotierte Unternehmen ist der Geschäftsbericht ohnedies verpflichtend und gilt als Gradmesser für den Erfolg. Dass inzwischen die Printprodukte auch als pdf-File im Internet abrufbar sind, tut dem keinen Abbruch. Im Gegenteil. Durch diese zusätzliche Vertriebsschiene wird der Kreis der möglichen Leser noch größer, was dem Grunde nach immer erwünscht ist.

Bei den Nutzungsmotiven von Kundenzeitschriften zeigt sich, dass über die Hälfte der im Rahmen einer Masterarbeit in München befragten Kunden die Magazine vor allem dazu nutzt, sich einen Überblick über relevante Produkte und Neuigkeiten auf dem Markt zu verschaffen und Tipps und Ratschläge zu Produkten für ihren Alltag zu bekommen.[65]

Die Inhalte von Kundenmagazinen müssen deshalb die Kernkompetenz des Unternehmens abdecken. Der Leser erwartet umsetzbare, unmittelbar verwendbare Tipps und Informationen. Dabei wächst der Informationsbedarf der Kunden mit der Höhe der Kaufsumme. Was übrigens für alle Investitionsgüter gilt. Philip Kotler, der 1931 geborene und zuletzt an der Northwestern University lehrende Amerikaner, nennt sie die P-Produkte (steht für „Producer"). Je bedeutsamer eine Anschaffung ist - egal ob von Unternehmen oder Privatpersonen - desto größer ist der Aufwand, der betrieben wird, um sich einen Überblick über das Angebot zu verschaffen. Kundenmagazine können hier ein Mosaikstein sein.

---

64   http://www.bcp-award.com/presse.cfm
65   http://www.pressebox.de/pressemeldungen/client-vela-gmbh-1/boxid-266050.html

Hohe Qualitätsansprüche

Die Qualitätsansprüche an Kundenmagazine sind enorm hoch, sie müssen sich an anderen Produkten vergleichbarer Art messen: „Sie müssen ebenso professionell gemacht werden wie die am Kiosk erhältlichen Publikationen. Denn der Leser wird in seiner Bewertung dieser Zeitschriften nicht nach ihrem Herausgeber differenzieren. Qualität ist somit nicht teilbar."[66]

Die eigenen Publikationen sind auch ein wesentlicher Bestandteil der Medienarbeit geworden, da natürlich auch die Journalisten gern in gut geschriebenen Publikationen lesen und recherchieren. Bisweilen werden sie ja auch selbst eingeladen, Beiträge dazu zu schreiben, was wiederum durchaus ein strategisch eingesetztes Mittel sein kann, um die Verbindung zwischen den Beteiligten auszubauen.

Ein spezielles Thema sind Monographien, also Bücher, die zu bestimmten Anlässen herausgegeben werden. Anlass dazu ist oft das runde Jubiläen des Unternehmens oder bei Familienunternehmen der Geburtstag des Unternehmers selbst. Häufig werden - besonders bei Unternehmen mit einer herausragenden Stellung in einer Region - in solchen Festschriften auch Bezüge zur Geschichte des regionalen Umfeldes hergestellt. Das kann bisweilen eine sehr intensive mediale Berichterstattung nach sich ziehen, erinnern Sie sich nur an die publizistischen Ansätze von Unternehmen, ihre Geschichte während des Zweiten Weltkrieges aufzuarbeiten.

„Corporate Books" werden von Banken und Versicherungen, Dienstleistern wie Unternehmensberatern und Seminartrainern, Architekten, aber auch von herstellenden Betrieben der Lebensmittelindustrie (Kochbücher), von der Automobilindustrie und von Unternehmen vieler anderer Branchen publiziert. Die Bücher werden oft in Zusammenarbeit mit einem Fachverlag publiziert, was den Vorteil hat, dass der Vertrieb über den Buchhandel laufen kann und die Vertriebs- und Marketingschienen des Verlages bereits gelegt sind.

---

66   Pauli (2004), S. 143.

 BEISPIELE AUS DER PRAXIS:

Im Jahr 2007 hat der Beirat des Wettbewerbs BCP Best of Corporate Publishing, der vom deutschen Branchenverband FCP (Forum Corporate Publishing) eine „Hall of Fame" ins Leben gerufen. Unter www.bcp-award.com/hall_of_fame/ werden Publikationen vorgestellt, die seit der Gründung des BCP im Jahr 2003 dreimal mit dem Award in Gold ausgezeichnet wurden. Dort finden sich Werke bekannter Marken: ThyssenKrupp, BMW, One, Roland Berger, American Express, Schering oder Hewlett-Packard, um nur einige zu nennen.

Abbildung 16: Geschäftsbericht

Sehr beeindruckt hat mich der Geschäftsbericht über das Jahr 2007 der österreichischen Autobahnen- und Schnellstraßen-Finanzierungs AG ASFINAG. Auffällig ist diese Broschüre durch ein spezielles Gimmick: Die Titelseite ist mittels Siebdruck als haptisches Erlebnis gestaltet: Wenn Sie über die Oberfläche tasten, haben Sie fast das Gefühl, eine Asphaltfahrbahn zu berühren. Und genau das ist das Geschäftsfeld der staatlichen Infrastrukturgesellschaft.

Das nahe Salzburg gelegene Romantik Hotel Gmachl ist der älteste Familienbe-
trieb Österreichs und kann auf 675 Jahre Geschichte zurückblicken. In der aus
Anlass des Jubiläums herausgegebenen Festschrift (die als Beispiel für viele derartige Chroniken verwendet werden kann) werden Geschichten und Anekdoten
aus dieser Zeit erzählt. Das Ganze ist mit vielen Bildern aus der Orts- und Landes-
geschichte, der Familie und den verschiedenen Bauphasen des einstigen Besitzes
des Frauenklosters Nonnberg zu Salzburg angereichert. Anzusehen unter www.
gmachl.com/data/bilder/Chronik_Romantik_Hotel_GMACHL.pdf

3.10 Wikipedia: enzyklopädisches Wissen für die Allgemeinheit

Bewertung

Unternehmen		Medium	
Bedeutung	O	Bedeutung	+
Aufwand/Praktikabilität	−	Aufwand/Praktikabilität	+
Dialogorientierung	− −	Dialogorientierung	− −
Zukunftsentwicklung	+	Zukunftsentwicklung	+
Online-Tauglichkeit	++	Online-Tauglichkeit	++

Gemessen an der Bedeutung, die die Wikis als Internet-Enzyklopädie inzwischen gewonnen haben, kümmern sich erstaunlich wenige Unternehmen aktiv darum, einen Eintrag dort zu bekommen. Dabei würde sich der Aufwand lohnen, werden doch die Wiki-Einträge von den Suchmaschinen weit vorne platziert.

Erfunden wurde die Datenbank vom amerikanischen Programmierer Howard G. Cunningham 1995, der ein Online-Journal für Entwurfsmuster von EDV-Programmen führte. Wiki kommt im Übrigen aus dem Hawaiianischen und bedeutet schnell. Seit 2001 gibt es die Online-Enzyklopädie Wikipedia, an der international 285.000 Autoren mitwirken. An der deutschsprachigen Version schreiben über 7.000 Artikelverfasser[67]. Der Inhalt ist als Hypertext organisiert. Querverweise und Formatierungsanweisungen geben die Autoren in einer einfachen Syntax ein.

Wikipedia ist eine Website, bei der jeder Benutzer ohne Anmeldung Beiträge schreiben und bestehende Texte ändern kann. Eine Redaktion im engeren Sinne gibt es nicht, das Prinzip basiert vielmehr auf der Annahme, dass sich die Benutzer gegenseitig kontrollieren und korrigieren. Es gibt auch keine Werbung, Wikipedia finanziert sich über Spenden.

Relevanzhürde und Wikiquette

Die Bearbeiter haben eine recht große Freiheit. Trotzdem schreibt Wikipedia sehr eng gefasste Richtlinien vor, die als unumstößlich gelten und die auch nach Diskussionen nicht geändert werden dürfen. Größte Hürde für Einträge über Unternehmen oder Persönlichkeiten ist die Relevanzhürde. Die Grundsätze neutra-

---

67 Siehe dazu die Einträge in Wikipedia über Ward Cunningham und Wikipedia.

ler Standpunkt, Nachprüfbarkeit und keine Forschungsbeiträge legen die inhaltliche Ausrichtung der Artikel fest. Danach soll ein Artikel so geschrieben sein, dass möglichst viele Autoren ihm zustimmen können. Existieren zu einem Thema mehrere verschiedene Ansichten, so soll ein Artikel diese fair beschreiben, aber nicht selbst Position beziehen.

Als Verhaltensvorschrift wird in einer der Usenet-Netiquette nachempfundenen „Wikiquette" von Mitarbeitern gefordert, ihre Mitautoren zu respektieren und niemanden in Diskussionen zu beleidigen oder persönlich anzugreifen.

Relevanzkriterien für Unternehmen

Wie bei den Blogs empfiehlt es sich auch bei den Wikis, genau zu beobachten, ob es Einträge gibt, die Ihr Unternehmen betreffen. Bei falschen Einträgen kann relativ einfach korrigiert werden - allerdings immer unter Beachtung der Wikiquette. Jedoch sollten Sie sich Gedanken darüber machen, ob es nicht sinnvoll wäre, einen eigenen Eintrag zu initiieren. Über das Unternehmen selbst oder Entwicklungen, die dafür interessant sind. Voraussetzung: Sie müssen bereit sein, sich dem öffentlichen Diskurs zu stellen und die Relevanzkriterien erfüllen.[68] Als relevant für einen enzyklopädischen Eintrag gelten Unternehmen, die:

▶ mindestens 1.000 Vollzeitmitarbeiter haben oder

▶ mindestens 20 Zweigniederlassungen / Produktionsstandorte / Filialen besitzen oder

▶ an einer deutschen Börse im regulierten Markt oder in einem gleichwertigen Börsensegment im Ausland gehandelt werden oder

▶ einen Jahresumsatz von mehr als 100 Millionen Euro vorweisen oder

▶ bei einer relevanten Produktgruppe oder Dienstleistung eine marktbeherrschende Stellung oder innovative Vorreiterrolle haben (unabhängige Quelle erforderlich) oder

▶ eines dieser Kriterien historisch erfüllten.

Für Banken, Krankenhäuser, Messen, Verkehrsunternehmen, Verlage und viele andere mehr gibt es spezielle Bestimmungen. Sie sind unter der angegebenen Internet-Adresse einfach nachzulesen. Hilfreich kann auch das Benchmarking sein: Einfach schauen, was andere aus Ihrer Branche so geschrieben haben. Wenn Sie sich einen Überblick verschaffen wollen, wer sich bereits eingetragen hat, geben Sie einfach als Suchbegriff Wikipedia + Unternehmen (Deutschland, Österreich,

---

68 http://de.wikipedia.org/wiki/Wikipedia:RK#Wirtschaftsunternehmen

Schweiz oder das jeweilige Bundesland oder den Kanton) ein. Sie werden auf den ersten Blick sehen, dass hier noch „Luft nach oben" ist. Selbst wenn Sie mit Ihrem Unternehmen die Kriterien von Wikipedia nicht erfüllen, ist das noch kein Grund, die Flinte ins Korn zu werfen. Es gibt nämlich neben dem weltweiten Wikipedia auch noch Spezial- und Regionalwikis, die mit Einträgen versehen werden können.

Viel zu wenig genutzt werden Wikis für den firmeninternen Informations- und Meinungsaustausch. Wettbewerbe, Fachbeiträge, schlicht: kooperatives Arbeiten im Web, lassen sich auf diese Weise realisieren. Wikis dienen bei größeren Unternehmen im Internet als Diskussionsforen für Abteilungen, Gruppen von Mitarbeitern oder der gesamten Belegschaft.

☑ CHECKLISTE WIKIPEDIA

Bei der Erstellung von Einträgen in die kostenlose Online-Enzyklopädie Wikipedia gelten die Prinzipien der „Wikiquette" und die Relevanzkriterien für Unternehmen. Die Regeln sind genau definiert und sind genau zu beachten, weil sonst sofort eine Löschung erfolgt. Wenn die Voraussetzungen für einen Eintrag erfüllt sind, sollte der Beitrag folgende Punkte umfassen:

Historie:
▶ Was sind die „Meilensteine" in der Unternehmensgeschichte? (Erweiterungen, Erfindungen, Innovationen, Krisen, Auszeichnungen etc.)
▶ Worin lag zu Beginn der Unternehmensschwerpunkt? Hat er sich verändert und wenn ja, wie?
▶ Gibt es bekannte Persönlichkeiten in Ihrer Firmenhistorie?

Kurzcharakteristik des Unternehmens:
▶ Unternehmensform, Gründungsjahr, Unternehmenssitz, Geschäftsführung, Mitarbeiterzahl, Umsatz, Branche, Produkte, Dienstleistungen, Website,

---

Bilder und Logos:
▶ Bilder und Logos beleben den Eintrag und schaffen Identität. Wichtig ist, dass die Frage der Bildrechte geklärt ist. Idealerweise werden Bilder vom Urheber und Nutzungsrechteinhaber selbst hochgeladen und unter einer Creative-Commons-Lizenz veröffentlicht. Das ist jedoch bei Unternehmensbildern nur selten ein und dieselbe Person. Deshalb muss in der Regel das Einverständnis des Fotografen vorliegen. Auch die auf dem Foto abgebildeten Personen müssen ihr Einverständnis zur Veröffentlichung geben.

Quellen:
▶ Ein zentraler Faktor für die Glaubhaftigkeit von Einträgen, und somit für die Wahrscheinlichkeit ihrer Veröffentlichung in Wikipedia, ist das Anführen von Quellen. In der Regel findet man bei den einzelnen Artikeln in Wikipedia Online-Quellen angeführt – Bücher, Zeitschriften- oder Zeitungsartikel sind aber ebenso zulässig wie sinnvoll.

⊞ Beispiele aus der Praxis:

Wenn Sie überlegen, Ihr Unternehmen in Wikipedia, einem Spezial- oder Regional-Wiki einzutragen, sollten Sie zweierlei tun: Zunächst müssen Sie die Wikiquette studieren und danach sollten Sie auch analysieren, welche Unternehmen in ihrer Branche bereits einen Eintrag haben. An diesen Vorbildern sollten Sie sich orientieren. Der Aufbau der Unternehmensbeiträge folgt immer den gleichen Mustern, das nachstehende Beispiel der im bayerischen Schwabach angesiedelten Apollo-Optik steht für viele ganz gleich gestaltete Einträge von Unternehmen.

Abbildung 18: Wikipedia

© 2010 CROSSMEDIALE PRESSEARBEIT

QUELLE: WIKIPEDIA.ORG

3.11 Pressekonferenz: großer Auftritt mit sinkender Bedeutung

Bewertung

Unternehmen		Medium	
Bedeutung	++	Bedeutung	O
Aufwand/Praktikabilität	–	Aufwand/Praktikabilität	–
Dialogorientierung	++	Dialogorientierung	++
Zukunftsentwicklung	O	Zukunftsentwicklung	–
Online-Tauglichkeit	O	Online-Tauglichkeit	O

In der Unternehmenskommunikation werden Pressekonferenzen wohl demnächst unter Artenschutz gestellt. Sie sterben nämlich langsam aber sicher aus. Das liegt ganz einfach daran, dass sie viel Zeit erfordern, die Journalisten einfach nicht mehr haben. Dann kommt noch dazu, dass alle Anwesenden die gleiche Information erhalten, womit das Alleinstellungsmerkmal in der Berichterstattung nicht gegeben ist. Dem weichen viele Journalisten aus, indem sie – wenn sie zu Pressekonferenzen gehen – anschließend das Einzelgespräch suchen. Pressekonferenzen haben freilich auch Vorteile: Sie ermöglichen einen offenen Dialog und sie dienen der Anschauung. Um eine gute Story schreiben zu können, ist gerade das oft sehr wichtig.

Das alles ändert jedoch nichts an der Tatsache, dass sowohl die Zahl der Pressekonferenzen als auch die Teilnahme von Medienvertretern sinkt. Für die Unternehmenskommunikation bedeutet das: Maß halten und nur dann einladen, wenn es sinnvoll ist, Sie also wirklich etwas Wichtiges zu sagen haben. Es gibt eine einfache Killerfrage: „Kann ich das, was ich bei der Pressekonferenz mitteilen möchte, ohne Informationsverlust auch schriftlich kommunizieren?" Wenn Sie diese Frage mit „Ja" beantworten können, sollten Sie es sich gut überlegen, ob Sie den Aufwand für alle Beteiligten treiben wollen. Ungeachtet dieser Einschränkung sollten Sie ein Mal pro Jahr in jedem Fall den persönlichen Kontakt zu den für Sie wichtigsten Journalisten bei einer Pressekonferenz suchen, denn die persönliche Bekanntschaft macht den permanenten Dialog während des Jahres viel einfacher.

Was wirklich zählt für die Journalisten, ist einzig und allein das Thema. Wenn sich keine Story abzeichnet, lohnt sich der Weg einfach nicht. Die Beachtung der oben beschriebenen Aufmerksamkeitskritierien ist deshalb umso wichtiger! Auch wenn das immer wieder anders behauptet wird:[69] eine spannende Location (die nichts mit dem Unternehmen zu tun hat), ein tolles Buffet oder ein fantastisches Giveaway sind ernst zu nehmenden Journalisten völlig gleichgültig.

Von Zeit, Ort und Raum

Wenn Sie sich nach reiflicher Überlegung dafür entschieden haben, eine Pressekonferenz abzuhalten, gilt es zunächst, einen geeigneten Termin festzulegen. Kollisionen mit anderen Terminen lassen sich nie ganz vermeiden, weil die Einladungen zu den Pressekonferenzen immer relativ kurzfristig verschickt werden. Auch die „Meldedisziplin" bei den verschiedenen Koordinationsstellen lässt bisweilen zu wünschen übrig. So ist weder in Österreich der APA-Terminkalender vollständig, noch jener der dpa in Deutschland. Helfen kann aber ein kurzes Telefonat mit einigen wichtigen Wirtschafts- oder Fachmedienredakteuren, die zumeist schon einige Zeit im Voraus ihre Termine kennen. Von den Wochentagen her bieten sich alle Tage an, wobei am Freitag häufig mehrere große Unternehmen (wegen der auflagenstärkeren Samstagsausgaben der Zeitungen) ihre Termine ansetzen und deshalb leicht die Gefahr besteht, dass ein Pressetermin „untergeht".

Von der Uhrzeit her hat sich 10 oder 11 Uhr eingebürgert, weniger empfehlenswert sind Abendtermine, weil auch Journalisten gerne ihr Familienleben pflegen und außerdem tagesaktuelle Printmedien ungern über Geschichten von „vorgestern" berichten. Die Brutto-Zeitdauer soll inklusive Fragestellungen keinesfalls ein bis maximal zwei Stunden übersteigen.

Was den Ort betrifft, so gibt es zwei Möglichkeiten: entweder im Unternehmen selbst oder in einem für die eingeladenen Redakteure leicht zu erreichenden Konferenzraum (Hotel oder Restaurant). Die erste Möglichkeit ist - wenn die entsprechenden Räumlichkeiten vorhanden sind - in jedem Fall vorzuziehen, weil damit gleichzeitig ein Eindruck vom Unternehmen vermittelt werden kann.

Die Einladung sollte weder zu lange, noch zu kurz vor der Pressekonferenz ausgesandt werden. Handelt es sich um eine Pressekonferenz mit regionaler Bedeutung, so genügt es in der Regel, wenn etwa ein bis zwei Wochen vorher eingeladen wird. Bei überregionalen Veranstaltungen, zu denen auch externe Journalisten an-

69   Ines Glatz-Deuretzbacher/Paul Christian Jezek/Sylvia Wasshuber: So kommt mein Untenrehmen in die Medien. Professionelle PR für Firmengründer, KMU und Freiberufler. Heidelberg 2006, S. 29.

reisen, sind vier bis fünf Wochen aus organisatorischen Gründen notwendig. Internationale Veranstaltungen (beispielsweise Pressekonferenzen mit internationaler Beteiligung bei großen Messen) verlangen noch deutlich längeren Vorlauf, da bisweilen Journalisten noch Visa benötigen.

Falls es sich um Veranstaltungsorte handelt, die nicht ständig als Pressekonferenzräumlichkeiten genutzt werden, ist es sinnvoll, einen Lageplan beizulegen. Jedenfalls muss vor Ort nochmals mit Hinweisschildern gearbeitet werden.

Es gibt Autoren, die dazu raten, den Einladungen Antwortkarten (oder Ähnliches) beizulegen. Die praktische Erfahrung zeigt aber, dass es in der Regel vergebene Liebesmühe ist, weil oft Karten, Mails oder Faxe zurückgesandt werden von Journalisten, die dann nicht erscheinen und andererseits Medien vertreten sind, die sich nicht gemeldet haben. Als erfolgreich erweist sich in jedem Fall die telefonische Nachfrage. Dieser Erinnerungsanruf erhöht erfahrungsgemäß die Präsenz erheblich. Bei jeder Pressekonferenz ist eine Einladungsliste zu führen, in die eingetragen werden kann, ob ein Medium teilnimmt, wer angemeldet ist, wer tatsächlich gekommen ist und wann die Berichterstattung erfolgt ist.

Die wichtigsten Themen, die zur Diskussion stehen, sollten in der Einladung kurz angeführt werden, ohne dass dadurch schon etwas vom Inhalt der Pressekonferenz vorweggenommen werden darf. Die Thematisierung in einer Überschrift und in wenigen Worten muss Interesse erwecken und dem Journalisten eine „Geschichte" versprechen. Meist wird es reichen, den Sachverhalt in wenigen Sätzen zu erläutern. Darüber hinaus muss die Einladung natürlich Ort der Veranstaltung, Wochentag und Datum sowie die Uhrzeit enthalten.

Bei der Pressekonferenz erhalten die Journalisten eine ausführliche Pressemappe. Darin befinden sich Fotos, eine Liste der Redner (Name, Titel und Funktion im Betrieb) mit Kurzfassung des Statements, eine ausformulierte Medieninformation zum Thema der Konferenz und eventuell eine Broschüre über Ihr Unternehmen.

Der wichtigste Inhalt ist der sogenannte „Waschzettel". Das ist ein gebräuchlicher Jargon für die schriftliche Unterlage. Der Waschzettel folgt den gleichen formellen und inhaltlichen Kriterien wie die Medienmitteilung.

Organisatorische Details

In der Literatur und im Internet gibt es viele Anleitungen - auch in Form von Checklisten - zu organisatorischen Details. Ich möchte deshalb hier nur auf ein paar häufig auftauchende Punkte eingehen:

▶ Die Sitzordnung sollte möglichst kommunikationsfördernd sein (z.B. ovaler Tisch, U-Form, nur bei größeren Pressekonferenzen ist Kinobestuhlung oder Schulklassenanordnung empfehlenswert.

Abbildung 19: Sitzordnung Pressekonferenz

▶ Vor dem Pressegespräch sollte es Erfrischungen (Kaffee, Tee, Mineralwasser, Säfte) geben, nach dem Pressegespräch einen Imbiss oder ein kleines Mittagessen. Treiben Sie hier nicht zu viel Aufwand und planen Sie nicht zu viel Zeit ein. Kaum ein Journalist hat heute noch Zeit, sich lange zu Tisch zu begeben.

▶ Die Frage, ob Overheadprojektor, Videobeamer zur Computerpräsentation (Power Point), Leinwand, Lautsprecheranlage, Flipchart oder Ähnliches benötigt werden, ist einzelfallbezogen zu prüfen. Jedenfalls ist es wichtig, dass der Inhalt nicht durch technische Spielereien überlagert wird. Kein Journalist hat im Übrigen Interesse an der Präsentation eines halbstündigen Werbefilmes oder an der Präsentation umfangreichen Datenmaterials in einem verdunkelten Raum, zumal wegen der herrschenden Finsternis keine Notizen gemacht werden können.

▶ Nach der Pressekonferenz muss ein kompetenter Auskunftspartner für eventuell noch auftretende Fragen zur Verfügung stehen. Üblich ist auch, dass all jenen Medien, die keinen Vertreter entsandt haben, aber beim Nachtelefonieren Interesse am Thema geäußert haben, die Pressemappe zugesandt wird. Sie sollten somit unmittelbar nach Ende der Veranstaltung ein Mail an die abwesenden Journalisten mit den wichtigsten Inhalten senden.

Die virtuelle Pressekonferenz

Der größte Nachteil klassischer Pressekonferenzen besteht darin, dass so gut wie nie alle eingeladenen Journalisten Zeit haben bzw. nicht genügend Personal vorhanden ist, um alle Termine zu besetzen. Dafür gibt es zwei Lösungen, die sich im realen Einsatz bewährt haben. Inzwischen „gelernt" ist der Conference Call; vor allem im Schweizer Finanzdienstleistungssektor ist diese Form der Interaktion zwischen Unternehmenssprechern, Analysten und Medienvertretern häufig geübte Praxis: Journalisten wählen sich unter einer bestimmten Nummer ein und sind telefonisch mit den Sprechern des Unternehmens verbunden, können sofort nachfragen und so den Dialog führen. Das braucht auf Seiten der Fragenden eine gewisse Disziplin, da sonst ein Stimmenwirrwarr entsteht, das niemand versteht. Dies in den Griff zu bekommen, ist Aufgabe des Kommunikationsverantwortlichen, der hier als Moderator eine wichtige Rolle spielt. Jeder Fragende sollte sich mit Namen und Medium melden. Die Antworten müssen kurz und prägnant ausfallen. Eine Telefonkonferenz darf auch nicht zu lange dauern, weil der Aufmerksamkeitspegel sehr rasch sinkt.

Ein weiterer Lösungsansatz ist die Online-Pressekonferenz. Sie ist ebenso orts- und zeitunabhängig, archivierbar und somit prinzipiell ein interessantes Serviceangebot für Journalisten, das allerdings wegen der fehlenden Möglichkeit der informellen Interaktion nach einem anfänglichen Hype wieder deutlich abgeflaut ist. Neben einem enormen technischen Aufwand spielen jedoch vor allem konzeptionelle Aspekte eine entscheidende Rolle für das Gelingen.

Die Pressekonferenz wird als Video (Live-Stream) ins Netz übertragen. Den Journalisten, die die Veranstaltung vom PC aus verfolgen, wird die Möglichkeit gegeben, via Chat, E-Mail oder Twitter Fragen zu stellen, die dann vom Podium aufgegriffen werden. Wenn Sie eine virtuelle Pressekonferenz durchführen, müssen Sie Materialien, die anwesenden Journalisten auf der Pressekonferenz übergeben werden, den Journalisten kurz vor der Pressekonferenz zumailen bzw. in Ihrem Mediencorner veröffentlichen. Damit können die Zuhörer bzw. Zuseher in den Unterlagen mitlesen oder sich schon im Vorfeld vorbereiten.

Ergänzend zu den vor Ort und online laufenden Interviews bietet sich das Einrichten eines Chats an, in dem im Anschluss an die Pressekonferenz ein oder mehrere Gesprächspartner für Nachfragen zur Verfügung stehen. Nach Ablauf der Veranstaltung sollte der Mitschnitt – oder zumindest ausgewählte Sequenzen – im Online-Pressebereich des Unternehmens verfügbar sein. So können sich interessierte Journalisten auch im Nachhinein über die kommunizierten Inhalte informieren.

Gerade die interaktiven Elemente müssen sorgfältig geplant und moderiert werden. Werden auf diesem Wege Fragen gestellt, sollten sie auch möglichst vollständig beantwortet werden. Live während der Pressekonferenz macht es also Sinn, sich auf einen Kanal (E-Mail, Facebook oder Twitter) zu beschränken und die Fragen direkt an das Podium weiterzuleiten. Inzwischen gibt es diese Form der Interaktivität ja auch schon bei zahlreichen TV-Shows. Damit das Ganze funktioniert, braucht es eine Person, die die Fragen selektiert und an die jeweiligen Sprecher am Podium weiterleitet.

Ganz ersetzen wird die virtuelle Form die reale Pressekonferenz wohl nie. Auch wenn viele Termine aus Zeitmangel nicht besucht werden können, bevorzugen 83 Prozent der deutschen Wirtschaftsjournalisten nach wie vor die klassische Pressekonferenz. Sie schätzen vor allem die Möglichkeit zum Fotografieren und für persönliche Interviews vor Ort. Online- oder Telefonkonferenzen werden als anonym und unpersönlich empfunden. Eine lohnenswerte Ergänzung können sie dennoch darstellen.[70]

---

70 Katrin van Herck: Die Pressekonferenz – klassisch und/oder online?: ttp://koeln-bonn.business-on.de/
online-pressekonferenz-interesse-unternehmen-journalisten-veranstaltungsort-_id21250.html

3.12 Pressegespräche: der Dialog mit Journalisten im kleineren Kreis

Bewertung

Unternehmen		Medium	
Bedeutung	++	Bedeutung	++
Aufwand/Praktikabilität	++	Aufwand/Praktikabilität	+
Dialogorientierung	++	Dialogorientierung	++
Zukunftsentwicklung	++	Zukunftsentwicklung	++
Online-Tauglichkeit	- -	Online-Tauglichkeit	- -

Pressekonferenzen sind längst nicht die einzige Möglichkeit, das Zwiegespräch mit Journalisten zu suchen. Pressegespräche sind „die etwas freundliche Schwester mit lockeren Umgangsformen, nicht so formell wie ihr Bruder."[71] Die Zahl der Teilnehmer ist geringer, der Gesprächsablauf weniger formell, die Unterlagen, die vorbereitet werden, weniger umfangreich.

An einen ausgewählten kleineren Kreis wenden Sie sich bei einem Pressefrühstück oder einem Kamingespräch. Kamingespräche – bei denen meist kein offener Kamin vorhanden ist, die allerdings in der Regeln in einem gemütlicheren Ambiente stattfinden – werden genutzt, um komplexe Themen ausführlich mit ausgewählten Journalisten zu besprechen oder um Redakteuren die Möglichkeit zu geben, den Gesprächspartner besser kennenzulernen. Meist findet das Gespräch im Zuge eines Abendessens mit maximal drei bis vier Journalisten statt.

Der Ausdruck Kamingespräch geht auf den amerikanischen Präsidenten Franklin D. Roosevelt zurück. Roosevelt selbst bezeichnete die Ansprachen als „fireside chats", weil sie eher formlos abliefen, wenngleich ihre Inhalte von höchster Brisanz waren. Das erste seiner Kamingespräche handelte von der Bankenkrise 1933, in den 29 weiteren live im Radio übertragenen Ansprachen ging es unter anderem um die Kriegserklärung an Japan und die Bombardierung Pearl Harbours.

Das Pendant zum Kamingespräch ist das Pressefrühstück, das ebenfalls einen eher ungezwungenen Charakter hat. Der Ablauf ist in beiden Fällen informeller als bei einer Pressekonferenz, auch der Aufwand für die Erstellung der Presseunterlagen ist geringer, eine eigens angefertigte Medienmitteilung ist nicht nötig, allerdings sollten Sie Ihre Pressemappe dabei haben. Kamingespräche und Pressefrüh-

---

71 Franz M. Bogner: Das neue PR-Denken. Wien 1990, S. 173.

stücke werden von Journalisten häufig als Zeichen der besonderen Wertschätzung gesehen, weil der Kreis der Geladenen klein ist und das Ambiente angenehmer als bei sonstigen Presseterminen. Bedenken Sie aber auch hier: Ein Journalist macht Termine, damit daraus Stories entstehen. Nur des lodernden Feuers im Kamin oder eines gemütlichen Rahmens wegen kommt sicher niemand.

Ein wenig vom Privatleben offenbaren

Eine spezielle Form des Beziehungsaufbaus zu Key-Journalisten sind die sogenannten Homestories. Dabei erfolgt eine Einladung der Medienvertreter in das Privathaus. Die Medienkonsumenten hat immer schon interessiert, wie die Reichen und Schönen dieser Welt ihr privates Dasein gestalten. Es bringt Quote, wenn es in der Berichterstattung „menschelt".

Seit den späten Neunzigerjahren des letzten Jahrhunderts ist der Drang der Medien, Unternehmer und Spitzenmanager ins Rampenlicht zu stellen, sprunghaft angestiegen. „Um das tun zu können, bedarf es immer zweier Mitspieler: Den, der etwas sehen will, und den, der etwas herzeigen will."[72] Dabei gibt es Meister der Theatralisierung ebenso wie blutige Laiendarsteller. Wenn Sie einen gewissen Hang zur Selbstinszenierung haben und gerne Menschen zu sich einladen, dann können Sie durchaus auch einmal den Versuch unternehmen, den einen oder anderen wichtigen Medienvertreter zu einem entspannten „Frühstück bei mir" (oder wie die Formate der Medien auch immer heißen) einzuladen. Journalisten wissen, dass das Ganze (meist) nicht echt persönlich, also freundschaftlich, gemeint ist, sondern Teil des Rollenspiels ist. Dennoch wird die Einladung in das private Umfeld als echter Vertrauensbeweis gesehen.

Bei den jüngsten TV-Reminiszenzen an die Regierungszeit Helmut Kohls, der 2010 seinen 80. Geburtstag feierte, erwähnten einige der interviewten Politikredakteure die Einladungen in das rheinland-pfälzische Refugium des Wiedervereinigungskanzlers. Diese Termine bei Wein und Saumagen dürften also Eindruck gemacht haben. Jedenfalls sind sie im Gedächtnis haften geblieben. Ebenso wie im Übrigen auch die privaten Begegnungen mit Helmut Schmidt oder Franz-Josef Strauss. Mittelständische Unternehmer wollen sich indes oft nicht so weit öffnen. Aus durchaus gutem Grund. Homestories führen bisweilen auch zu Neidkomplexen oder Diskussionen über den guten oder schlechten Einrichtungsgeschmack. Aber wenn Sie sich Anerkennung als guter, unpretentiöser und informativer Gastgeber verschaffen, können Sie dadurch eine sehr gute Schiene für die Vermittlung der für Sie wichtigen Themen legen. Einen Versuch ist es allemal Wert.

---

72   Siehe das Kapitel: Zwölf Erfolgsfaktoren der CEO-Kommunikation. In: Immerschitt (2009), S. 133.

3.13 Interview: im direkten Gespräch Klarheit über Entwicklungen herstellen

Bewertung

Unternehmen		Medium	
Bedeutung	++	Bedeutung	++
Aufwand/Praktikabilität	+	Aufwand/Praktikabilität	+
Dialogorientierung	++	Dialogorientierung	++
Zukunftsentwicklung	++	Zukunftsentwicklung	++
Online-Tauglichkeit	+	Online-Tauglichkeit	+

Das persönliche Gespräch war immer schon der wichtigste Teil der Öffentlichkeitsarbeit. Davon zeugen viele Belege: von den griechischen und römischen Philosophen bis herauf in die Gegenwart. Rhetorik ist ein Erfolgsfaktor der Kommunikation, und um die Sprache der Wirtschaft ist es nicht immer zum Besten bestellt. Anfragen nach Interviewterminen von Tageszeitungen und Wirtschaftsmagazinen, Hörfunk oder gar dem Fernsehen sorgen deshalb zwangsläufig für Adrenalinschübe bei den zu Interviewenden. Routine kann dabei helfen, Verweigerung nicht. Denn das Vermitteln von Standpunkten und von Orientierung ist eine ganz wesentliche Managementfunktion.

Unternehmensentscheidungen können nicht mehr aus dem Elfenbeinturm heraus dekretiert werden, sie müssen den Stakeholdern erklärt werden. Das funktioniert nur, wenn der Sprecher des Unternehmens, der Eigentümer, Geschäftsführer, Vorstand oder neuerdings immer häufiger CEO genannte Kopf an der Spitze über entsprechende Vermittlungskompetenz verfügt. Es ist eine Managementaufgabe, gegenüber den Mitarbeitern, Kunden, Aktionären und der Gesellschaft dafür zu sorgen, dass alles klar wird. Das Interview ist dazu ein sehr probates Mittel. Wobei Sie durchaus nicht nur an die genannten Medien denken sollten. Es macht durchaus auch Sinn, Interviews in der eigenen Mitarbeiterzeitung, im Kundenmagazin oder auf der Website Ihres Unternehmens zu platzieren.

Ein wesentlicher Erfolgsfaktor von Interviews ist die Orientierung am Gegenüber. Sie sollten immer wissen, für wen Sie eine Botschaft formulieren. Der frühere „Capital"-Redakteur Günter Ogger hat in seinem Buch über die „Nieten in Nadelstreifen" diagnostiziert: Die Unternehmenssprecher sind meist nicht am Publikum orientiert und zwar weder in Sprache, Auftreten noch im Hinblick auf die Argumente.[73] Häufig wird ein „senderzentriertes statt eines empfängerzentrierten Kommunikationsmodells" eingesetzt, also es wird schlicht zu wenig auf die Erwartungen und Bedürfnisse der Leute eingegangen, die erreicht werden sollen. Polemisch formuliert: Die Chefs sind oft mehr die Verwalter als die Gestalter und Vermittler dessen, wo der Weg hingeht. Aber: Kommunikation muss als Teil der unternehmerischen Agenda verstanden werden. Sie gehört zum Jobprofil und kann weder delegiert noch verweigert werden.

Der britische Kommunikationsberater Lord Watson of Richmond hat gesagt: „Heute erkennen die meisten CEO die Notwendigkeit, mit allen wichtigen an einem Unternehmen interessierten Gruppen (Stakeholder) zu kommunizieren. Ihre Fähigkeiten, dies erfolgreich zu tun, unterscheiden sich jedoch erheblich – die Herausforderung, der sie sich gegenübersehen, wächst ständig."[74]

Kompetente Vermittlung von Zusammenhängen muss ja nicht unbedingt langweilig sein. Im Gegenteil. Bei jedem Interview sollten Sie sich vor Augen halten, dass die Zuhörer sich an den Gesamteindruck eines Vortrages und nicht an die Fakten erinnern. Und wenn schon Fakten, dann sollten sie durch Beispiele, Bilder und Erkenntnisse untermauert werden, die sich auf eine gemeinsame Erfahrungswelt beziehen. Alles andere hat keine Wirkung.

Vorbereitung hilft Komplexität zu reduzieren

Sie sollten in kein Interview gehen, ohne sich darauf vorzubereiten. Wobei Vorbereitung nicht heißt, dass Sie sich auf ein Bombardement des Gegenüber mit Daten und Fakten wappnen sollen. Sie sind beim Interview in keiner schulischen Prüfung, bei der Ihr auswendig gelerntes Wissen abgefragt wird. Sie kennen doch das Datenfundament Ihres Unternehmens ohnehin am besten. Also brauchen Sie sich in der Vorbereitung darum am allerwenigsten Gedanken machen, vielmehr sollten Sie sich darüber Gedanken machen, welche zentralen Botschaften Sie vermitteln wollen.

Diese Fertigkeit können und müssen Sie trainieren. Denn es gibt keine „Naturtalente". Roger Haywood[75] hat das einmal mit einem sehr eingängigen Vergleich so formuliert: „No manager can claim to have ‚natural' public relations skills any more

---

73 Günter Ogger: Nieten in Nadelstreifen. Manager im Zwielicht. München 9. Auflage 1995.

74 Lord Alan Watson of Richmond: Die Rolle führender Unternehmensrepräsentanten in der Kommunikationslandschaft des 21. Jahrhunderts. In: Bodo Kirf/Lothar Rolks (Hrsg.): Der Stakeholder-Kompass. Frankfurt am Main 2002, S. 56.

75 Roger Haywood: Corporate reputation, the brand and the bottom line: powerful proven communication strategies for maximizing value, 3rd ed. London 2002, S. 23.

than a natural talent for law, personnel, finance or production. The development of a worthwhile public relations policy needs as much thought, attention and professional skill as does the financial, personnel or any other business discipline."

Die Fähigkeit komplexe Unternehmenszusammenhänge so darzustellen, dass das Gegenüber sie versteht und – was noch viel wichtiger ist – Verständnis dafür aufbringt, wird nicht in die Wiege gelegt. Sie können sich diese Fähigkeit aber aneignen. Die Zahl der Buchtitel, das Angebot an Rhetorikseminaren und Medientrainings ist gewaltig. Dort werden Tipps gegeben und Checklisten publiziert, was alles zu beachten ist, wenn ein Manager vor die Kamera tritt, wenn ein Radio- oder Printjournalist ein Statement einfordert oder wenn es darum geht, in einer Rede vor Publikum zu überzeugen.

Wenn Unternehmer auf TV-Auftritte oder bedeutende Interviews vorbereitet werden, geschieht dies vor dem Hintergrund der Rezeptionsforschung, die für das Fernsehen gemacht wird. Das heißt: Die Sprache und die Inhalte einer Rede bzw. Interviews spielen eine verschwindend geringe Rolle. Die Stimme und vor allem das nonverbale Verhalten sind entscheidend. Der amerikanische Psychologieprofessor Albert Mehrabian[76] hat die Wirkinhalte so bestimmt: Inhalt 7 Prozent, Stimme 38 Prozent, nonverbales Verhalten 55 Prozent.

Die Erfahrungen mit unzähligen Medientrainings haben bei mir folgende Wahrnehmung hinterlassen: Die meisten Manager, die ihren Auftritt vor der Kamera üben, reagieren überrascht bis erschrocken auf das, was sie anschließend am Bildschirm sehen. Überrascht darüber, dass man ihnen jede Emotion von den Augen ablesen kann, dass sie ein offenes Buch sind, in dem jeder Zuseher lesen kann, so als hätten sie einen Strichcode auf der Stirn. Erschrocken, weil sie meist erkennen, wie wenig es ihnen gelingt, ihre Botschaft so zu vermitteln, dass sie den Zuhörer zu überzeugen vermag.

Vermitteln Sie Enthusiasmus und Engagement

Die Notwendigkeit, zu überzeugen, zu motivieren und positive Schwingungen zu erzeugen, wird größer. Das Publikum hat eine höhere Erwartung. Der kategorische Imperativ des Medienzeitalters muss lauten: „Kommuniziere so, dass andere anschließen können." Angeschlossen wird in der Rhetorik an zu erwartende innere Faktoren: Erfahrungen, Aversionen, Wünsche, Hoffnungen, Befürchtungen und Werbebotschaften. „Persönliche Ausstrahlung wird dem Redner sehr nützlich sein. Ein Charakterkopf mit Ecken und Kanten, der das offene Wort nicht scheut,

---

76   Albert Mehrabian: Silent Messages. Wadsworth, Belmont 1971.

verleiht der Rede von vornherein Erlebniswert. Um die Spannweite der rhetorischen Mittel auszuschöpfen, ist Temperament unverzichtbar."[77] Und Klages zitiert in diesem Zusammenhang Qintilian: „Nur Feuer kann einen Brand entfachen, nur Feuchtigkeit uns durchnässen, und nichts kann auf anderes abfärben, wenn es selbst die betreffende Farbe nicht gibt."

Dieses Zitat des römischen Rhetors sollte Sie davon abhalten, sich bei einem Interview auf das Terrain der Zahlen und Fakten zu flüchten, auch wenn Sie sich thematisch dort wohl fühlen. Bitte denken Sie daran, dass das Gesagte auch für Auftritte bei Pressekonferenzen oder -gesprächen, vor Mitarbeitern oder der firmeneigenen Podcast-Kamera, gilt. Ganz abgesehen davon, dass Journalisten immer auf einen zitierbaren „Sager" warten, also eine Formulierung, die geeignet ist, eine Schlagzeile zu formulieren. Sie sollten – gerade bei Interviews (aber ganz sicher auch bei der Vermittlung Ihrer Ziele an Ihre Mitarbeiter) das Ganze im Blick haben und – um den Gedanken Quintilians nochmals aufzugreifen, ein Feuer der Leidenschaft entfachen. Eine leblose Sprache gebiert leblose Unternehmenspolitik und kraftloses Reden mündet in kraftlosem Handeln. Wenn Sie also in ein Interview gehen, dann sollten Sie zweierlei vermitteln: Lockerheit und Enthusiasmus. Denn auf diese Weise können Sie wirklich viele Punkte für Ihr Unternehmen sammeln.

3.14 Medienevents: wenn die Gäste zu Testimonials werden

Bewertung

Unternehmen		Medium	
Bedeutung	O	Bedeutung	O
Aufwand/Praktikabilität	+	Aufwand/Praktikabilität	O
Dialogorientierung	O	Dialogorientierung	O
Zukunftsentwicklung	O	Zukunftsentwicklung	O
Online-Tauglichkeit	– –	Online-Tauglichkeit	– –

Events von Unternehmen gibt es zu verschiedenen Anlässen und in ganz unterschiedlicher Ausprägung. Events sind erlebnisorientierte oder produktbezogene

---

77 Wolfgang Klages: Gefühle in Worte gießen. Die ungebrochene Macht der politischen Rede. Baden-Baden 2001, S. 31.

Veranstaltungen, die emotionale oder physische Reize auslösen und einen starken Aktivierungsprozess auslösen. Veranstaltungsziele können sowohl imageprofilbildender oder motivierender Art sein, als auch zur Unterstützung des Verkaufes beitragen. Gemeinsam ist ihnen, dass sie fast ausnahmslos mehrdimensional wirksam sind. In den seltensten Fällen wird nur eine Teilöffentlichkeit angesprochen. Es kommt also zu vernetzter Öffentlichkeitsarbeit.

Rund jede zehnte Pressemeldung, die Unternehmen publizieren, hat einen Event zum Inhalt. Oft werden Events nur deshalb kreiert, um Mediencoverage zu bekommen. Voraussetzung dafür ist, dass der Event zum Unternehmen und den anzusprechenden Zielgruppen passt und Kreativität und Originalität aufweist. Leider werden viel zu oft die oben beschriebenen Ziele von Events missachtet. Reden, Power Point-Präsentationen und Buffet. Wo soll da der emotionale Reiz sein, wo der erlebnisorientierte Faktor, der in Erinnerung bleibt? Wenn Sie einen Event für Ihr Unternehmen planen, dann sollten Sie zweierlei tun: Kramen Sie zuerst in Ihrer eigenen Erinnerung und fragen sich, welche Veranstaltung Sie selbst besucht haben, die Ihnen gefallen hat. Und dann stellen Sie sich die Frage, was der Grund war, dass Sie sich wohl gefühlt haben, Spaß hatten oder interessante Impulse für sich oder Ihre Arbeit mitbekommen haben. Meistens werden Sie als gemeinsamen Nenner Ihrer „Best of"-Liste finden, dass Sie sich selbst wohl gefühlt, dass Sie einen perfekten Gastgeber erlebt haben und vor allem keine Langeweile aufgekommen ist. „Wirkungsvolle Events überzeugen durch kreative und ausgefallene Ideen. Den besten Magier, den besten Partyservice und eine gute Band kann jeder buchen - aber bitte lassen Sie sich etwas Außergewöhnliches einfallen."[78]

Für Medienvertreter ist wesentlich, dass das Gebotene für möglichst viele Leser, Hörer oder Seher interessant ist, dass Bilder geliefert werden, dass es einen hohe Promifaktor gibt oder dass die Informationsdichte hoch ist. Das ist zum Beispiel bei Hauptversammlungen von Aktiengesellschaften, Firmenjubiläen, Tagen der offenen Tür, Ehrungen langjähriger Mitarbeiter oder anderer Stakeholder, Ausstellungen oder Vortragsveranstaltungen der Fall. Bei sachbezogenen Unternehmensveranstaltungen sollen Inhalte transportiert werden. Ansprechpartner auf Medienseite sind hier in erster Linie Fach- und Regionaljournalisten.

Das Motto lautet aber zunehmend: Je schräger, schriller, skurriler desto besser, weil für die Medien interessanter. Event-Weltmeister ist unangefochten Red Bull. Die Marke hat ursprünglich ausschließlich auf Funsportarten gesetzt, inzwischen sind auch Mainstream-Sportarten dazugekommen. Auf seine Weise unübertroffen ist Stefan Raab mit seiner Wok-WM und dem StockCar Rennen auf Schalke.

---

78   Manfred Sauer: 99 Tipps für wirksame Medienpräsenz. Berlin 2006, S. 109.

Einen besonders hohen Stellenwert nehmen Society-Veranstaltungen ein, die davon leben, dass prominente Persönlichkeiten zu einer von Ihnen organisierten Veranstaltung eingeladen sind und die Society-Reporter darüber berichten. Diese Art von Veranstaltung lebt von der Prominenz der Anwesenden. Wenn Sie auf den Klatschseiten der Medien vorkommen wollen, muss die „Besetzung" stimmen, sonst funktioniert das nicht. Das heißt, dass Sie schon vorab mit der Einladung an die Medien einen Auszug aus der Gästeliste kolportieren müssen. Bei dieser Art von Event werden die Celebrities (oder solche, die es gerne wären) zu Testimonials des Unternehmens.

Events sind meist eine organisatorische Herausforderung. Abgesehen davon, dass Sie in der Literatur und im Internet zum Thema Event jede Menge Checklisten finden, gibt es einen erfolgreich selbst immer wieder praktizierten Tipp: Versetzen Sie sich in die Situation Ihrer Gäste und überlegen Sie sich, was diese im Laufe der paar Stunden tun, die sie mit Ihnen beisammen sind und was Sie ihnen bieten. Wenn Sie diesen Blickwinkel einnehmen, gibt es keine Leerläufe, kein sinnloses Herumstehen oder -sitzen ohne Gesprächspartner oder Ähnliches, was leider immer wieder vorkommt.

Aufgabe von Events mit Medienbeteiligung ist es, eine faszinierende Atmosphäre zu schaffen, festliche Ereignisse stilvoll zu zelebrieren und Stoff für Mediengeschichten zu liefern. Es muss nicht der Wiener Opernball, die Bambi-Verleihung des Burda-Verlages oder die Oscar-Nacht sein. Wichtig ist, dass mit den Veranstaltungen der Markenkern angesprochen und deutlich sichtbar gemacht wird. Auf diese Weise wird das Profil Ihres Unternehmens geschärft. Wenn Sie sich einen Überblick verschaffen möchten, welche Events international besonders erfolgreich sind, werfen Sie einen Blick auf die diversen „Event Awards". Hier finden Sie zahlreiche Anregungen für Ihre eigenen Überlegungen. Aber denken Sie immer daran: Nur was zu Ihnen passt und womit Sie Alleinstellung erreichen, bringt Erfolg.

Wenn bei einem sachorientierten Event Journalisten ihrer Arbeit nachgehen sollen, dann brauchen sie zumindest einen Tisch, auf dem sie ihren Laptop aufstellen, Unterlagen ablegen und Notizen anfertigen können. Zu den selbstverständlichen Dienstleistungen gehört heute auch ein Zugangscode zum firmeneigenen WLAN.

Jeder erste Freitag im Juni wird als „Weltmilchtag" begangen. Üblicherweise nützt die Milchwirtschaft diesen Tag, um Produkte zu präsentieren und verkosten zu lassen. Unsere Agentur fand das langweilig und verwandelte den Weltmilchtag in eine Weltmilchnacht. Wir wollten Milch nicht nur als weißes Getränk, sondern jung, gesund und modern präsentieren. So wurde die Milch zum Objekt von Kunst und Kreativität. Das Thema Milch wurde künstlerisch aufbereitet, originell und erlebnisreich kommuniziert. Der vielen Touristen bekannte Mirabellgarten in Salzburg wurde in der Weltmilchnacht zum Milchparadies.

Jedes Jahr gibt es ein anderes Thema: „Baron Milchhausen", „Dub Giovanni" im Mozartjahr oder der „Kuh-Coup" rund um eine gestohlene goldene Kuh wurden inszeniert. Dutzende Künstler ganz in Weiß spielen an verschiedenen Stationen des französischen Gartens der Mozartstadt ihre Rollen. An verschiedenen Stationen im gesamten Garten führen Schauspieler eigens kreierte Rollen in Zusammenhang mit der Milch auf. Die Besucher können durch den Garten „wandeln" und den Ablauf nach eigenem Ermessen gestalten. Auch das Publikum machte sich im Laufe der Jahre selbst zu einem Teil der Inszenierung, indem es in weißer Kleidung erschien. So entstand aus dem Event für die Auftraggeber Alpenmilch und das Agrarmarketing des Landes einer der größten Publikumsevents in der Stadt Salzburg, der mehrfach ausgezeichnet wurde, unter anderem mit dem Austrian Event Award.

Abbildung 20: Event: Weltmilchnacht

© 2010 CROSSMEDIALE PRESSEARBEIT
QUELLE: ALPENMILCH/PLEON PUBLICO

Ein Beispiel aus dem Bereich Corporate Events ist der Gewinner des deutschen Eventpreises EVA 2009, der im Internet genauer beschrieben ist:[79] Gewonnen hat der Event zur Übergabe des ersten Airbus A380 an Emirates (siehe Abbildung 21). 2.000 Mitarbeiter des zu diesem Zeitpunkt wegen Problemen mit dem Militärtransportflugzeug in den Schlagzeilen befindlichen europäischen Konzerns verabschiedeten den Flugzeugriesen. In der Jurybegründung für die Preisverleihung heißt es: „So hatte der Event neben der Würdigung des wichtigsten Kunden auch eine große Wirkung nach innen. Als exzellent ist auch die Dramaturgie dieses Events vom offiziellen Festakt über eine spektakuläre Multimediashow bis zum Höhepunkt mit Übergabe des Riesenjets zu bewerten."

---

79 http://www.famab.de/eva/gewinner/gewinnernullneun/corporate.html

3.15 Pressereisen: als Gastgeber von Journalisten

Bewertung

Unternehmen		Medium	
Bedeutung	O	Bedeutung	–
Aufwand/Praktikabilität	–	Aufwand/Praktikabilität	–
Dialogorientierung	++	Dialogorientierung	++
Zukunftsentwicklung	–	Zukunftsentwicklung	–
Online-Tauglichkeit	– –	Online-Tauglichkeit	– –

Bei einer Pressereise laden Sie Journalisten ein, Sie zu besuchen. Hier bekommen Ihre Gäste dann Fachliches geboten sowie einen nicht unwesentlichen Incentiveteil. Touristische Anbieter wollen auf diese Weise zeigen, was sie zu bieten haben. Pressereisen werden aber auch häufig von den Automobilherstellern und natürlich der exportorientierten Industrie veranstaltet. Wenn neue Werke im Ausland eröffnet werden oder neue Märkte erschlossen werden, ist das bisweilen ein passender Anlass für einen Journalistentrip.

Mit den Pressereisen verhält es sich wie mit den Pressekonferenzen. Ihnen beginnt langsam die Luft auszugehen. Viele Fach- und Reisejournalisten und natürlich die Redaktionen der Leitmedien könnten das ganze Jahr über unterwegs sein und sind deshalb sehr kritisch und restriktiv bei Einladungen von Unternehmen.

Sehr viele Redaktionen sind dazu übergegangen, Pressereisen nur dann zu genehmigen, wenn dafür Urlaub genommen wird. Sollte Ihr Anlass und Ihr Programm so toll sein, dass die für Sie wichtigen Journalisten die Reise zu oder mit Ihnen trotzdem gemeinsam antreten, dann haben Sie die einzigartige Gelegenheit, einen sehr guten persönlichen Kontakt herzustellen. Vorausgesetzt natürlich, Sie sind ein wirklich sehr guter Gastgeber, haben alles minutiös durchgeplant und bieten wirklich perfekten Service. Dieser beginnt bei der Abholung der Journalisten, setzt sich bei der reibungslosen Organisation fort und endet in offenen Gesprächen am Abend an der Bar. Die Presseunterlagen, die Sie für die Pressereise herstellen, sind im Grunde die gleichen wie die bei einer Pressekonferenz.

Der wesentliche Vorteil der Pressereise ist, dass Sie die Journalisten erleben lassen können, was Sie gerne vermitteln möchten. Übertreiben Sie dabei aber nicht: Es sollte ein ausgewogenes Programm zwischen Information und Entertainment geben. Perfekte Organisation wird vorausgesetzt, Sie sollten deshalb die Zeit vor Ort minutiös durchplanen und die vorgegebenen Zeiten auch einhalten.

Seien Sie sich bewusst, dass Pressereisen durchaus kritisch gesehen werden, weil viele Journalisten die mögliche Korrumpierung fürchten: „Was journalistische Recherche fördert, ist immer gut. Ablehnen sollte man eine Einladung, wenn der Veranstalter Bedingungen stellt und Einfluss auf die Berichterstattung nehmen will. Derartige Absprachen gingen zu Lasten der Glaubwürdigkeit des Journalisten, niemand würde ihm später glauben, dass er sich darüber hinweggesetzt hat. Auch wenn nichts verlangt wird, besteht die Gefahr, dass ein Dankbarkeitsgefühl gegenüber dem Gastgeber eine Schere im Kopf des Journalisten auslöst. Die sollte er jederzeit bekämpfen: Wenn die Reise auch Negatives über den Veranstalter zutage fördert, darf dies für die Berichterstattung nicht tabu sein. Was zählt, ist die wirklich freie Entscheidung des Journalisten, ein Thema zu veröffentlichen oder nicht," schreibt die Hamburger Juristin Dorothee Bölke.[80]

Das Internet macht es möglich, dass inzwischen die Berichterstattung beiderseitig ist. Noch bevor die Medienvertreter sich an ihre Computer setzen können, um die Erlebnisse der Pressereise ins Redaktionssystem einzugeben, stehen die Fotos ihres Besuches schon auf der Homepage des Veranstalters und können dort als E-Card heruntergeladen werden.[81]

☑ Checkliste Pressereise

Bei einer Pressereise sind Sie der Gastgeber. Diese Rolle müssen Sie von der ersten Minute an perfekt spielen.

Pressereisen brauchen einen besonderen Anlass, der den Aufwand für die Journalisten lohnt. Das vor Ort Gebotene muss der Anschauung dienen und Bilder für Fotografen und Kameras liefern.

Planen Sie den gesamten Ablauf minutiös durch. Schreiben Sie ein Drehbuch des Ablaufs, das für den gesamten zur Verfügung stehenden Zeitraum auflistet, was geplant ist und wer dafür zuständig ist. Schreiben Sie dieses Drehbuch aus der Sicht des Gastes, der umsorgt sein will, ohne ein Korsett angelegt zu bekommen. Planen Sie deshalb auch bewusst Pausen und Zeiten zur Rekreation ein.

Vermitteln Sie den Teilnehmern auch etwas von der Kultur und den Besonderheiten des Reiseortes. Planen Sie deshalb auch ein Sightseeing- oder Kulturprogramm ein.

---

80 Weitere kritische Diskussionsbeiträge über die Einstellung von Journalisten zu Pressereisen können Sie nachlesen unter: http://www.akademie-fuer-publizistik.de/magazin/ethikrat/themen-bisher/all-inclusive-pressereise-und-der-artikel-danach/
81 Anzusehen unter http://www.skiwelt.at/de/winter/pressereise-08012010.html

Überlegen Sie sich, was die Journalisten für ihre Arbeit benötigen. Dazu gehören z.B. Telefon- und Internetanschlüsse, Übertragungsmöglichkeiten von Fernsehbeiträgen und gegebenenfalls auch Computerarbeitsplätze. Sie sollten die technischen Anforderungen schon bei der Einladung abfragen.

Wenn Sie internationale Journalisten einladen, müssen Sie für Dolmetscher sorgen, genügend Vorlauf einplanen, damit sich die Journalisten ihre Visa besorgen (falls nötig), die Flug- oder Zugverbindungen checken und einen Abholservice vom Ankunftsort sicherstellen.

Klären Sie die Frage der Reisekostenvergütung schon bei der Einladung ab. Manche Redaktionen lehnen das als Form der Bestechung (in Österreich heißt das im Bürokratendeutsch: Anfütterung) kategorisch ab. Andere sind darauf angewiesen, weil sie sich sonst die Teilnahme nicht leisten könnten.

➕ BEISPIELE AUS DER PRAXIS:

Wenn Sie bei Google den Begriff „Pressereise" eingeben, finden Sie eine Vielzahl von Beispielen, wie Pressereisen organisiert werden. Zum Teil werden von touristischen Organisationen auf deren Mediencorner die Pressereisen angekündigt und können dort auch gleich direkt „gebucht" werden, so zum Beispiel in die Kulturhauptstadt 2010, das Ruhrgebiet. Gerade im touristischen Umfeld sind die Kontakte sehr intensiv und persönlich, wie das Bild vor dem Hochkönig zeigt.

© 2010 CROSSMEDIALE PRESSEARBEIT
QUELLE: PLEON PUBLICO

3.16 Redaktionsbesuche: Selbsteinladung zur Informationsweitergabe

Bewertung

Unternehmen		Medium	
Bedeutung	–	Bedeutung	O
Aufwand/Praktikabilität	O	Aufwand/Praktikabilität	++
Dialogorientierung	++	Dialogorientierung	++
Zukunftsentwicklung	O	Zukunftsentwicklung	+
Online-Tauglichkeit	– –	Online-Tauglichkeit	– –

Journalisten können immer weniger auf Reisen gehen. Davon war im letzten Abschnitt die Rede. Warum fahren Sie dann nicht einfach zu Ihren wichtigsten Ansprechpartnern bei Ihren Key-Medien, um den Dialog mit ihnen zu eröffnen oder zu vertiefen? Natürlich eignet sich das nicht für jede Geschichte und jedes Medium, aber bei Fachmedien und Special Interest Magazinen lohnt sich diese Überlegung allemal. In Krisensituationen kann es durchaus wertvoll sein, mit den wichtigsten Tagesmedien Gespräche vor Ort und bisweilen auch „off records" (also ohne die Absicht, dass daraus eine Medienstory wird) zu führen.

Die Termine sollten Sie einige Wochen vor dem Besuch vereinbaren. Drei bis vier Tage vor dem Besuch sollten Sie noch einmal im Redaktionssekretariat anrufen und Ihrem Ansprechpartner in der Redaktion eine Erinnerungs-Mail mit Ort, Zeit und Thema des Besuches senden.

Haben Sie bislang noch keine Erfahrung mit Redaktionsbesuchen gemacht, sollten Sie ein sehr feines Sensorium dafür entwickeln, ob Sie auch wirklich willkommen sind. Oft sind es ganz profane Dinge, die Journalisten zurückzucken lassen, wenn sich plötzlich jemand zu sich in die Redaktion einlädt. Längst nicht alle Medien haben mondäne Verlagssitze. Bisweilen sind sie irgendwo in einem Hinterhof, mitten im Gewerbegebiet oder in ganz und gar nicht repräsentablen Mietskasernen untergebracht.

Wenn Sie dennoch dorthin gelangen, ist auch die Kenntnis über Größe und Ausstattung eines Verlages für Sie eine wichtige Information. Je mehr Sie von den Medien wissen, mit denen Sie es zu tun haben, umso besser ist es.

Auf einer Redaktionstour sollten Sie pro Tag maximal drei Verlage besuchen. Mehr ist logistisch meistens gar nicht möglich, da Sie ja auch die Anreise zwischen den Verlagsstandorten berücksichtigen müssen. Mit dem für Sie wichtigsten Medienvertreter können Sie sich auch zum Mittagessen außerhalb der Redaktion verabreden.

Die Vermittlung von Inhalten ist das Ziel

Wichtig ist, gut vorbereitet auf den Terminen zu erscheinen. Ihre Pressemappe haben Sie ohnedies immer dabei, wenn Sie ein neues Produkt vorführen, nehmen Sie auch ein Probeexemplar mit. Weniger gefragt sind Marketingpräsentationen mit endloser Power Point-Präsentation. Nutzen Sie vielmehr den Termin für ein persönliches Gespräch. Beachten Sie auch, dass Ihre Besuchsdelegation nicht zu groß ist. Mehr als drei Personen wirken fast schon wie ein Überfallskommando. Viele Verlage haben auch gar nicht den Platz in den Redaktionen, um eine derart große Besucherzahl aufzunehmen.

Vermeiden Sie Redaktionsbesuche, wenn Sie keine Botschaft zu vermitteln haben. Schließlich ist die Ware, die Sie verkaufen, die Information. Geben Sie auch nicht einfach nur profane Dinge zum Besten, die Sie auch schriftlich kommunizieren könnten. Nutzen Sie den Dialog, um herauszuhören, an welchen Geschichten über Ihr Unternehmen und/oder Ihre Branche Ihr Gegenüber besonders interessiert ist. Manchmal entstehen aus solchen offenen Gesprächen auch Ideen für Fachbeiträge, Kundenveranstaltungen oder Medienkooperationen. Nehmen Sie zu den Gesprächen wenn möglich auch Anschauungsmaterial - und natürlich Ihre Pressemappe - mit.

Wenn Sie mit einem Medium eine enge Zusammenarbeit pflegen, weil Sie damit genau Ihre Zielgruppe erreichen und dort auch inserieren, bietet es sich an, ein Mal pro Jahr den Kontakt vor Ort zu suchen. Bei solchen Gesprächsterminen stoßen in der Regel auch die Key Account-Betreuer hinzu, sodass Sie das Redaktionelle und Kommerzielle in unmittelbarer Zeitabfolge erledigen können.

3.17 Roadshows: eine Geschichte an mehreren Orten erzählt

Bewertung

Unternehmen		Medium	
Bedeutung	+	Bedeutung	+
Aufwand/Praktikabilität	–	Aufwand/Praktikabilität	++
Dialogorientierung	++	Dialogorientierung	++
Zukunftsentwicklung	+	Zukunftsentwicklung	+
Online-Tauglichkeit	– –	Online-Tauglichkeit	– –

Ein naher Verwandter des Redaktionsbesuches ist die Roadshow. Sie wird veranstaltet, um eine Mitteilung breitflächig bekannt zu machen. Für eine Jahrespressekonferenz mag es genügen, eine Pressekonferenz am Firmensitz oder in der jeweiligen nationalen Medienmetropole zu veranstalten und dazu die wichtigsten Medien und Nachrichtenagenturen einzuladen. Regionale Medien übernehmen, wenn sie nicht auch selbst einen Redakteur schicken können, den Text dann von der Nachrichtenagentur bzw. werden von Ihnen mit den Unterlagen nachträglich versorgt. Wenn Sie jedoch Journalisten aus verschiedenen Teilen des Landes Ihr Unternehmen „erleben lassen" wollen und sie mit Ihren Produkten/Services vertraut machen möchten, so können Sie eine Roadshow veranstalten. In der Regel ist eine solche Roadshow ein kleiner Event, bei dem Medien mit beteiligt sind, aber nicht unbedingt im Vordergrund stehen. Häufig gehen die Unternehmen auf Tour zu ihren wichtigsten Referenzkunden und laden dorthin auch die regionalen Medien mit ein, um eine möglichst flächendeckende Berichterstattung zu erreichen. Das macht natürlich nur dann Sinn, wenn Sie sich mit ihrem Produkt an den Endkonsumenten wenden wollen. Richtet sich Ihr Informationsangebot in erster Linie an den B2B-Bereich, dann können Sie Ihre Roadshow auch geografisch nach den Verlagsstandorten der wichtigsten Fachmedien ausrichten.

Damit Ihre Roadshow ein Erfolg wird, müssen Sie die Veranstaltungsorte sehr sorgfältig auswählen. Wenn Sie einen Referenzkunden in der Region haben, können Sie eine publizistische Win-win-Situation herstellen. Sie können Ihr Thema, das sachlich eine gewisse Relevanz für die Journalisten hat, mit einem bekannten Namen aus dem Umfeld der Medien garnieren. Hier müssen Sie allerdings dafür sorgen, dass die Aussagen inhaltlich gut abgestimmt sind. Der Rest sind logistische Fragen, die es zu klären gilt.

✚ Beispiele aus der Praxis:

Der Softwareentwickler und Möbelhersteller Horatec hat gemeinsam mit dem Holzwerkstoffhersteller EGGER 2009 einen nach dem Vorbild der Formel 1-Motorhomes gestalteten Roomdesigner-Truck auf Roadshow durch Deutschland geschickt. Mit dem Roomdesigner lassen sich aus hinterlegten Bibliotheken Wände, Fußböden, Fenster, Türen und Möbel auswählen, die anschließend individuell in Maßen, Farben und Eigenschaften verändert werden können. Zu den Workshops in Dutzenden deutschen Städten wurden Tischler und Schreiner, aber auch Fachmedien eingeladen, die ausführlich berichteten, nachzulesen in den wichtigsten Branchenmedien.

Abbildung 23: Roadshow

© 2010 CROSSMEDIALE PRESSEARBEIT
QUELLE: EGGER/PLEON PUBLICO

Die Schweizer Hasler-Stiftung, die auf einen der Pioniere der Telekommunikation der Eidgenossenschaft zurückgeht, hat eine Aktion ins Leben gerufen, die FIT heißt und sich mit der Problematik der rückläufigen Studentenzahlen in Informatik an den Hochschulen auseinandersetzt.[82] 2008 wurde eine Roadshow zu den Gymnasien der Schweiz gestartet. Ziel ist es, die Etablierung eines Informatikunterrichtes zu unterstützen. Dazu gibt es eine Ausstellung und interaktive Workshops für die Schüler. Das Ganze läuft offenbar sehr erfolgreich, denn die Medien berichten von steigenden Anfragen seitens der Schulen.

---

82   http://www.fit-in-it.ch/cs/index.php/lang-de/home

3.18 Messen: Umschlagplatz von Informationen über Produktneuheiten

Bewertung

Unternehmen		Medium	
Bedeutung	++	Bedeutung	+
Aufwand/Praktikabilität	–	Aufwand/Praktikabilität	+
Dialogorientierung	+	Dialogorientierung	+
Zukunftsentwicklung	+	Zukunftsentwicklung	+
Online-Tauglichkeit	O	Online-Tauglichkeit	O

Messen sind vor Jahrhunderten als unheilige Schaustellerei nach der heiligen Messe am Sonntag entstanden. Das fahrende Volk, das sich zur *missa profana* begeben hat, war schon damals gezwungen, sich marktschreierisch Gehör zu verschaffen. Heute ist alles viel vornehmer. Der Kampf um das knappe Gut der Aufmerksamkeit ist aber der gleiche geblieben. Wir haben es gerade auf Messen mit einer Situation zu tun, die der Wiener Professor Georg Franck in seinem empfehlenswerten Essay über die Ökonomie der Aufmerksamkeit[83] mit einem Bierzelt verglichen hat, in dem wegen des enormen Geräuschpegels jeder brüllen muss, um sich Gehör zu verschaffen.

Messen haben es so an sich, dass sie viele Anbieter einer Branche zusammenbringen, bei den ganz großen Branchenmessen tummeln sich alle Marktbegleiter. Jeder will natürlich die meisten Besucher am Stand haben, die besten Abschlüsse tätigen und den größten Raum in den Medien für sich beanspruchen. Dabei spielen viele Mechanismen zusammen, die über Erfolg oder Misserfolg entscheiden. Neben dem Bekanntheitsgrad ist das Image des Ausstellers entscheidend. Images sind überall dort wichtig, wo unmittelbare Erfahrung nicht oder nur unter erschwerten Bedingungen möglich ist. Sie sind in jedem Fall subjektive Vorstellungsbilder, die mehr oder weniger stark von den objektiven Gegebenheiten abweichen. Sie bestehen aus einem Mosaik aus bruchstückhaften, ineinander verwischten Details. Je deutlicher diese Konturen sind, desto erfolgreicher ist die Öffentlichkeitsarbeit des Unternehmens und desto leichter ist es, sich im Gewusel der Informationen auf Messen herauszuheben.

---

83   Georg Franck: Ökonomie der Aufmerksamkeit. Ein Entwurf. München, Wien 2007.

Angewandt auf die Öffentlichkeitsarbeit rund um die Messen heißt dies nichts anderes, als dass inhaltliche, persönliche, ökonomische sowie auch formelle Kriterien erfüllt sein müssen, die den wirtschaftlich bedeutungsvollen Schritt zur Aufmerksamkeit ermöglichen. Der große Vorteil der Messe ist, dass zu einem bestimmten Termin, der längerfristig geplant werden kann, ein Kulminationspunkt der Kommunikation gegeben ist. Wenn Sie besonders die Fachmedienarbeit im Blickfeld haben, dann müssen Sie auch beachten, dass gerade diese auch ihre Heftschwerpunkte auf die wichtigsten Branchenmessen ausrichten. Das Heft vor der großen Messe informiert auf die angekündigten Neuheiten, auf der Messe selbst liegen Sonderausgaben aus, und nach der Messe wird ausführlich über das Gehörte und Gesehene berichtet.

Messen sind temporäre Ereignisse, die in einem ein- bis dreijährigen Rhythmus wiederkehren. Das macht zunächst einmal das strategische Timing relativ einfach, weil der Messetermin, der in der Regel drei bis fünf Tage umfasst, den Zeitplan klar strukturiert. Wir haben es mit drei Phasen zu tun: vor, während und nach der Messe. Abbildung 24 verdeutlicht die drei Phasen.

Abbildung 24: Messeablauf

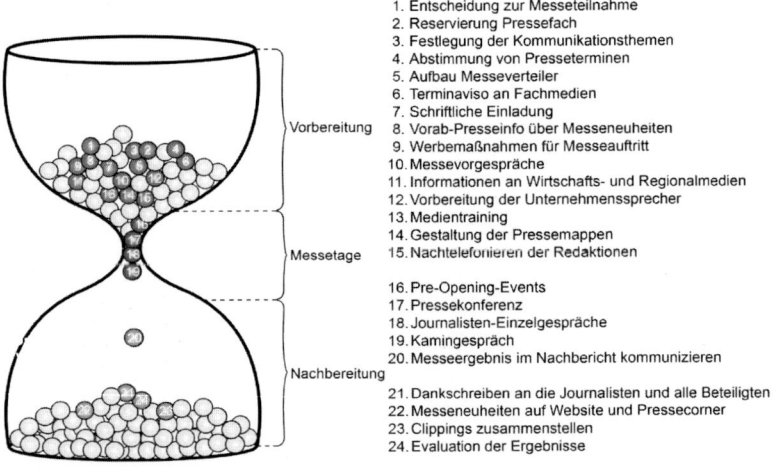

Vorbereitung
1. Entscheidung zur Messeteilnahme
2. Reservierung Pressefach
3. Festlegung der Kommunikationsthemen
4. Abstimmung von Presseterminen
5. Aufbau Messeverteiler
6. Terminaviso an Fachmedien
7. Schriftliche Einladung
8. Vorab-Presseinfo über Messeneuheiten
9. Werbemaßnahmen für Messeauftritt
10. Messevorgespräche
11. Informationen an Wirtschafts- und Regionalmedien
12. Vorbereitung der Unternehmenssprecher
13. Medientraining
14. Gestaltung der Pressemappen

Messetage
15. Nachtelefonieren der Redaktionen
16. Pre-Opening-Events
17. Pressekonferenz
18. Journalisten-Einzelgespräche
19. Kamingespräch
20. Messeergebnis im Nachbericht kommunizieren

Nachbereitung
21. Dankschreiben an die Journalisten und alle Beteiligten
22. Messeneuheiten auf Website und Pressecorner
23. Clippings zusammenstellen
24. Evaluation der Ergebnisse

Mit der Anmeldung des Unternehmens für die Messe beginnt spätestens die Vorarbeit für die Medienkommunikation. Hier sind folgende Schritte zu beachten:

Reservierung eines Pressefaches

Jeder Messeveranstalter verfügt über ein Pressezentrum, das erste Anlaufstelle für die Fach- und Wirtschaftsjournalisten ist. Hier halten sich viele Medienvertreter während der Messetage auf, um Kontakte zu knüpfen, die Presseunterlagen zu studieren, aktuelle Medien zu lesen und natürlich auch, um ihre eigenen Berichte an die Redaktionen zu schicken. Im Eingangsbereich der Pressezentren finden sich in der Regel auch die sogenannten Pressefächer, die von den Ausstellern gemietet werden können. Die Preise hängen von der Bedeutung des Messestandortes und der Messe selbst ab. Bei großen Messen finden sich hier oft die Pressemappen von Hunderten Unternehmen. Sie werden meist sehr freizügig entnommen und ebenso locker wieder entsorgt. Vor allem bedienen sich natürlich auch die Marktbegleiter gerne bei diesen Fächern, um zu schauen, was die anderen Aussteller so zu bieten haben. Deshalb der Tipp: Nicht die gesamte Pressemappe in das Fach legen, sondern nur kurze Infos über das Unternehmen selbst, was gezeigt wird und wer für Auskünfte zu welchen Zeiten zur Verfügung steht.

Es ist oft auch sehr hilfreich, wenn in die Pressemappen Einladungen zu Meetings am Stand oder zu Veranstaltungen des Ausstellers am Rande der Messe beigelegt werden. Auf diese Weise ist sichergestellt, dass die vorher schon kontaktierten Medien die Termine nicht vergessen bzw. dass Medien, die nicht auf der eigenen Einladungsliste stehen, aber durchaus interessant sein können, zu den Terminen kommen. Achtung: Die Pressefächer müssen auch während der Messe laufend gewartet werden. Es schaut nicht sehr professionell aus, wenn das Fach leer ist!

Festlegen der Kommunikationsthemen

Monate - wenn nicht Jahre - vor dem Messetermin werden im Unternehmen die Ausstellungskonzepte erstellt und die Produkte und Dienstleistungen definiert, die im Mittelpunkt der Ausstellung stehen werden. Damit kristallisieren sich auch bereits die Themen für die Medienarbeit heraus, die in den Mittelpunkt gestellt werden sollen. Und natürlich auch die Kolleginnen und Kollegen im Unternehmen, die in der Geschäftsführung, als Produktmanager, im Vertrieb oder der Entwicklungsabteilung die kompetenten Recherchepartner sind. Mit ihnen gilt es bereits in der ersten Phase, das Gespräch zu suchen, um herauszufinden, worauf sie in der Kommunikation Wert legen, wo die USP (Einzigartigkeit des zu verkaufenden Produktes) des Gezeigten liegt, und wer im Fokus der Kommunikation liegen soll.

Klären des Terminumfeldes

Wenige Wochen nach der Reservierung des Pressefaches muss auch die Abstimmung der Termine mit dem Pressezentrum der Messegesellschaft erfolgen. Dort liegt ein Übersichtsplan auf, der an die akkreditierten Journalisten auch kommuniziert wird. Die Veranstalter geben die Termine den Journalisten oft schon mit der Akkreditierungsbestätigung bekannt, stellen sie auf die Homepage und hängen sie auf jeden Fall im Pressezentrum aus. Wenn Sie hier rechtzeitig einen Zeitkorridor blockieren, ist die Wahrscheinlichkeit groß, dass Sie an diesem Termin keine weiteren Pressegespräche finden. Wenn Sie also unter den ersten sind, die ihre Termine fixieren, können Sie sich die besseren Zeiten blockieren.

Dabei sind zwei Dinge zu beachten: Am Beginn der Messe sind die meisten Medienvertreter anwesend, bei länger dauernden Messen kann es sein, dass gegen Ende bereits die Anwesenheit merklich ausgedünnt ist. Aber Vorsicht: Kleinere Unternehmen sollten sich davor hüten, die Toptermine am ersten Messetag zu blockieren. Denn dann kann es leicht sein, dass ein Branchengigant sich hineindrängt, was natürlich extrem kommunikationsstörend wirkt. Fingerspitzengefühl und richtige Selbsteinschätzung ist hier wichtig. Gerade kleinere Unternehmen sollten deshalb vorsichtshalber kurz vor dem Versand der Einladungen an die Journalisten nochmals den Terminplan der Presseevents anschauen. Wenn sich nämlich ausgerechnet ein Branchengigant auf den gleichen Zeitpunkt kapriziert, ist ein Flop programmiert.

Einige wenige ganz große Branchenmessen – wie zum Beispiel die BAU in München – veranstalten schon einige Monate vor dem Messetermin sogenannte Messe-Vorgespräche. Dabei treffen sich auf einer Art Marktplatz Aussteller und Fachjournalisten. Die Firmen ordern dafür einen Tisch in einem großen Saal, die Medienvertreter suchen sich dann ihre Gesprächspartner heraus und kommen zu bestimmten Terminen zu Einzelgesprächen, um sich über die zu erwartenden Neuheiten zu informieren. Kontaktfreudige Menschen nennen das heutzutage neumodisch „Speed Dating". Jedenfalls ermöglichen diese Gespräche, in relativ kurzer Zeit sehr viele Kontakte zu knüpfen. Sie erreichen somit für die Vorberichterstattung eine Vielzahl von Medien. Erkundigen Sie sich unbedingt, ob es solche Vorab-Treffen gibt und welche Medien daran teilnehmen.

Auch wenn Sie sich im Umfeld einer Fachmesse bewegen, sollten Sie doch nicht vergessen, dass auch die Wirtschafts- und Regionalmedien Interesse an Ihren Neuheiten haben können. Allerdings genügt es hier auf keinen Fall, wenn der Pressetext für die Fachmedien einfach kopiert und an die Tages- und Wochenmedien in der jeweiligen Region versandt wird. Dagegen spricht ganz eindeutig das Ergebnis einer Umfrage des AUMA (Ausstellungs- und Messeausschuss der deutschen Wirtschaft e.V.). Demzufolge finden Wirtschaftsjournalisten mehr als zwei Drittel der Pressetexte, die im Zuge von Fachmessen produziert werden, schlicht unbrauchbar. Damit das Thema für Wirtschafts- und Regionalmedien interessant wird, muss es eine Verknüpfung der Produktinfos mit Unternehmensdaten, Trends der Branche oder Investitionen am Standort geben. Damit wird das Thema auch für diese Medientypen interessant.

Während der Messe selbst befinden sich die Journalisten im Dauerstress. Über sie bricht eine Flut von Informationen herein. Sie müssen jetzt aus der Masse an Gebotenem auswählen, ihre Zeit vor Ort genau einteilen. Rücksicht auf das Zeitmanagement und die Informationsbedürfnisse der Redakteure ist hier eine schöne Tugend. Aus journalistischer Sicht ist meist der erste Pflichttermin das Pressegespräch der Messegesellschaft selbst. Dort werden Branchendaten kolportiert und Highlights der Ausstellung vorgestellt. Für Sie als Aussteller geht es jetzt darum, möglichst qualifizierte Journalistenkontakte herzustellen, diese Kontakte zu dokumentieren und nachzubearbeiten. Dokumentieren heißt, dass Sie zumindest genau wissen müssen, welche Journalisten von welchen Medien am Stand oder beim Pressegespräch waren und welche nicht. Führen Sie dazu eine genaue Liste, die später auch nachbearbeitet wird. Was das Gespräch mit den Journalisten betrifft, haben Sie verschiedene Möglichkeiten. Was Sie wählen, hängt von der Größe und Bedeutung in der Branche Ihres Unternehmens, von der Tragweite der Innovationen, die Sie zeigen und der Größe des Messeevents ab.

Die Großen der Branche laden die Journalisten meist zu einer Pressekonferenz in einem der Tagungsräume oder direkt im Pressezentrum der Messe ein. Manchmal gibt es auch gesonderte Empfänge vor oder während der Messe.

Wenn Ihr Unternehmen nicht zu den Topplayern der Branche gehört, ist es meist sinnvoll, die für Sie wichtigsten Fachmedien direkt an den Stand einzuladen. Das sollte auf jeden Fall schon vor der Messe geschehen, es lohnt sich aber auch, im Messezentrum (Pressefach) zusätzlich eine Einladung an den Stand mit der Information, dass eine Pressemappe vorbereitet wurde, zu deponieren. Auf keinen Fall sollten Sie die vorbereiteten Pressemappen unkommentiert weitergeben. Daraus resultiert meist keine besonders nachhaltige Berichterstattung. Wenn die Journalisten auf den Messestand kommen, hat dies den Vorteil, dass individuell auf deren Informationsbedürfnisse eingegangen werden kann. Der Nachteil: Am Stand herrscht meist ziemlicher Betrieb und es fehlt an der nötigen Ruhe. Auf jeden Fall muss jemand anwesend sein, der kompetent Rede und Antwort stehen kann und auch tatsächlich verfügbar ist. Journalisten haben nicht die Zeit, zu warten, bis sich jemand ihrer annimmt.

Abbildung 25: Pressemappe für die Messe

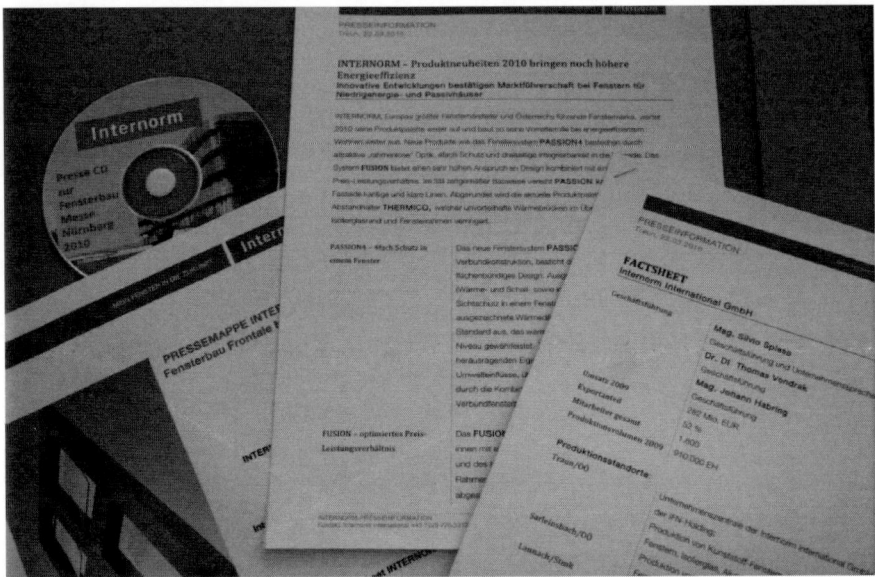

© 2010 CROSSMEDIALE PRESSEARBEIT
QUELLE: INTERNORM/PLEON PUBLICO

Eine weitere Möglichkeit ist es, die Key-Journalisten etwa zu einem Pressefrühstück oder einem Kamingespräch nach Ende der Messeöffnungszeiten in einem der Messehotels einzuladen. Dabei kann in ungestörter Atmosphäre die Messestory einigen ausgesuchten Medienvertretern erzählt werden. Das funktioniert aber nur dann, wenn es bereits sehr gute Kontakte zu diesen Journalisten gibt und Sie auch wichtige Informationen bieten können. Insbesondere Abendtermine sind genau abzustimmen, da viele Journalisten von Ausstellern Einladungen zu Events haben. Von Ihnen wird dabei mehr erwartet als nur schnöde Produkt-PR. Vielmehr wollen die Fachjournalisten Insider-Informationen über die Branche und das wirtschaftliche Umfeld hören. Derartige Termine erfordern ein hohes Maß an Fachwissen und Eloquenz. Der Lohn ist eine deutliche Intensivierung der Beziehungen zu den Journalisten.

4. Kulturbruch durch das neue Massenmedium Internet

Neben den Printmedien wurden von Unternehmen in der Vergangenheit in erster Linie TV und Hörfunk angesprochen. Medienarbeit gehorchte damit ganz eindeutigen Vorgaben, deren Spielregeln durch die „Gate Keeper" auf Seiten der Massenmedien festgelegt wurden, wobei traditionell die Printmedien den Ton angaben. Die „Klassiker" der Medienarbeit – Presseaussendung, Pressekonferenz oder Pressegespräch – verrieten schon von der Namensgebung her, für wen sie in erster Linie gedacht waren. Die dafür aufbereiteten Unterlagen waren textlastig, dienten der reinen Informationsweitergabe bzw. waren auf persönliche Interaktion ausgerichtet.

Mit dem Internet als vierter Massenmedien-Säule, bisweilen auch euphemistisch als „Meta-Medium" bezeichnet, haben sich die Mittel der Medienarbeit radikal geändert. Norbert Schulz-Brodoel und Michael Bechtel zitieren Hubert Burda, der einen „Kulturbruch, wie er seit Gutenberg nicht mehr geschah"[84], sieht. Der Kulturbruch fand auf drei Ebenen statt:

▶ Jeder Unternehmer (natürlich auch jede andere Organisation oder Einzelperson) ist plötzlich selbst Verleger und kann ein breites Publikum erreichen.

▶ Das Informationsmonopol der bei den herkömmlichen Massenmedien angestellten Journalisten ist verloren gegangen, weil es einen „Bypass" (wie das David Meerman Scott, den ich weiter vorne schon zitiert habe, formuliert hat) um die Redaktionen herum, gibt. Der Two-Step-Flow of Communication, der seit Paul Lazarsfeld galt und der davon ausging, dass Meinungsführer die Botschaften multiplizieren, funktioniert nicht mehr uneingeschränkt. Meinungsführerschaft ist heute zu einem guten Teil „crowdsourced".

▶ Die wesentlichste Veränderung aber hat das „Mitmachinternet" 2.0 gebracht. Seither hat sich eine Kommunikationskultur des Dialoges ausgeprägt. Von der Einbahn-Kommunikation geht es Richtung Dialog, von wenigen Kanälen zu einer ganzen Palette von Möglichkeiten, die eigenen Dialoggruppen zu erreichen. Die Interaktivität spielt eine besondere Rolle.

Die Entwicklung hat durch die Smartphones noch einen zusätzlichen Schub bekommen. Vor sehr kurzer Zeit kam auf den Hinweis, dass immer mehr Menschen Information und Unterhaltung im Internet suchen und deshalb nicht mehr Fernse-

---

84 Schulz-Bruhdoel/Bechtel (2009),S. 9.

hen oder Zeitung lesen, die Antwort: „Niemand will ständig am Computer hängen."
Die Empirie zeigt, wie schnell derartige Thesen über die Mediennutzung derzeit
falsifiziert werden. Sie müssen nur einmal in ein Zugabteil steigen, sich in Bussen und U-Bahnen umsehen, an Universitäten oder Fachhochschulen in die Hörsäle schauen oder in Ihrem familiären Umfeld das Medienverhalten der jüngeren Generation ein wenig aufmerksamer beobachten, dann wissen Sie, dass wir in einer neuen Informations- und Wissensära leben.

Buchegger und Signitzer meinen sogar, dass es angebracht wäre, den Begriff „Inter.Net.Relations" als neue Facette von Public Relations zu setzen, die mehr ist als ein zusätzliches Programm und Arbeitsbereich.[85] Sie bieten auch eine Definition an, die da lautet: „Inter.Net.Relations meinen die Kommunikation von Organisationen mit ihren Stakeholdern im virtuellen Raum - der neuen, zweiten Öffentlichkeit, dem Meta-Medium Internet. Ziel ist, ein sich (symmetrisch mit Win-Win-Ausrichtung) austauschendes Netzwerk (Community) an Kommunikanten aufzubauen. Dialogorientierte Kommunikation, Beziehungsarbeit und Flexibilität sind für Inter.Net.Relations bedeutend. Die Wege der Kommunikation sind auf Grund der Netzwerkstruktur vielfältig."

Die klassischen Massenmedien ebenso wie die Öffentlichkeitsarbeiter der Unternehmen haben alle Hände voll damit zu tun, der Entwicklung nachzukommen. Derzeit hängen sie noch weit hinter der längst gängigen Realität her. Das PR-Magazin hat im November 2009 in einem Fachbeitrag[86] belegt, dass die Nutzung der Möglichkeiten, die die sozialen Plattformen bieten, in deutschen Unternehmen im Schnitt erst im einstelligen Prozentbereich liegt.

Aber auch das ist nur eine Momentaufnahme, die längst wieder veraltet ist, weil die erhobenen Daten schon wieder drei Jahre alt sind. Fakt ist, dass sich immer mehr Unternehmen mit der Thematik auseinandersetzen (müssen). Wenn auch teilweise nur widerwillig. Den Grund dafür habe ich schon genannt. Im zitierten Artikel des PR-Magazins liest sich das so: „Die geringe Nutzung von Web-2.0-Angeboten im Unternehmensumfeld kann unter anderem darauf zurückgeführt werden, dass eingespielte Kommunikationsroutinen sich nur langsam aufbrechen lassen. Marketing- und PR-Verantwortliche verstehen sich in erster Linie als Sender von Botschaften, sie sind Sprecher gegenüber Journalisten und Multiplikatoren sowie Redakteure eigener Print- und Onlinemedien."

---

85 Isabella Buchegger/Benno Signitzer: Inter.Net.Relations: Allgemeine und theoretische Aspekte. In: Caja Thimm/Stefan Wehmeier (Hrsg.): Organisationskommunikation online. Grundlagen, Praxis, Empirie. Frankfurt am Main 2008, S. 18, die zitierte Definition steht auf Seite 32.

86 Ulrike Röttger/Joachim Preusse/Jana Schmitt: Anforderungen und Ansprüche von Fachjournalisten an Onlinepressebereiche. In: prmagazin 1/2009, S. 59-65.

Chancen contra Kontrollverlust

Ein wenig erinnert die Geschichte an die griechische Mythologie. Die Kommunikatoren bewegen sich zwischen den Meeresungeheuern Skylla und Charybdis. Auf der einen Seite sehen sie natürlich die Chancen, die sich im Internet ergeben inklusive der sich fachlichen, zeitlichen und pekuniären Erfordernisse. Auf der anderen Seite sehen sie das als noch viel dramatischer empfundene Problem des Kontrollverlustes.

Der Verkündigungsstil vergangener Tage ist völlig out. Onlinekommunikation bedeutet: Wissen mit anderen teilen, eine Bühne für den Gedankenaustausch bieten, Fragen stellen, Herausforderungen bieten und Hintergründe erklären. Gelernt war bislang, dass Themen intern aufbereitet, dann in die Abstimmungsrunde gingen und „mit dem Segen von Oben" verbreitet wurden. Wenn für die „Freigabe" keine Zeit mehr bleibt, weil sofort agiert oder reagiert werden muss, tun sich die klassischen „Pressesprecher" oft schwer, weil sie immer an den Grenzen des ihnen eingeräumten Pouvoirs dahinschrammen, häufig sogar in „verbotenem Terrain" unterwegs sind und dabei durchaus auch einmal Schaden an der eigenen Karriere nehmen können.

Dieses Problem ist momentan noch nicht gelöst und wird sich in den nächsten Jahren weiter verschärfen, weil – eine aktuelle Umfrage unter PR- und Marketingverantwortlichen in deutschen Unternehmen[87] belegt das – die Onlinekommunikation das Wachstumsfeld der PR schlechthin ist. Bereits heute investiert jeder vierte Befragte mehr als die Hälfte seiner Arbeitszeit in den Bereich Online-PR. Zudem herrscht Einigkeit, dass dieser Anteil weiter steigt, denn über das Internet wird schnell und kostengünstig kommuniziert.

Verschärft wird die Situation noch durch den Trend zum mobilen Internet. Es gilt bei den rund 140 befragten Kommunikationsverantwortlichen in den Unternehmen und Institutionen als wichtigster Trend: Gut 54 Prozent geben an, dass es ein „wichtiger" oder „sehr wichtiger" Kommunikationskanal sein wird. Die Entwicklung wird durch die E-Book-Reader („Kindle") und Tablet-Computer („iPad") sicher nochmals eine Beschleunigung erfahren.

Von kaum geringerer Bedeutung sind Foren und Newsgroups (52 Prozent), gefolgt von Video- und Bewegtbildplattformen (41 Prozent).

Die aktuellen Arbeitsschwerpunkte in der Online-PR 2009 liegen auf den bekannten und etablierten Kanälen wie Newsgroups, Foren und Blogs. Die neuen Werkzeuge werden als wichtig erkannt, von den Befragten aber häufig noch nicht

---

87   Näheres dazu unter www.index.de

selbst eingesetzt. Ein Grund dafür ist, dass – anders als in der klassischen Pressearbeit – in der Online-PR kaum Standards existieren wie zum Beispiel bei der Einbindung von Internet-Videos als Ergänzung zur Medienmitteilung. Derzeit befinden wir uns in weiten Bereichen noch in der Phase von Versuch und Irrtum.

Je mehr Möglichkeiten das Internet den Kommunikationsprofis bietet, desto wichtiger wird die Standardisierung. Hier ist die Branche gefordert, aktiv zu werden und aus den neuen Möglichkeiten einsatzfähige Kommunikationswerkzeuge zu entwickeln.

Vorsicht vor Online-Autismus

Um nicht falsch verstanden zu werden. Auch in Zukunft wird das Beziehungsmanagement zwischen den Journalisten und den Medienarbeitern in und für die Unternehmen wichtig bleiben. Das Schlimmste, was einem Unternehmen passieren kann, ist, dass es einem Online-Autismus anheimfällt. Dialogbereitschaft tut auf allen Ebenen Not! Es ist alarmierend, wenn nur 40 Prozent der 14- bis 17-Jährigen eine Präferenz für das persönliche Gespräch haben, die Mehrheit also meint, online könne man sich genauso gut unterhalten.[88] Möge das Allensbach-Institut recht haben, dass diese Fixierung auf das virtuelle Kommunizieren parallel läuft mit intensiverem Austausch auf der persönlichen Ebene. Die tägliche Anschauung ruft mir Goethes Faust in Erinnerung: „Die Botschaft hör' ich wohl, allein mir fehlt der Glaube."

Kommunikation, die von Menschen gesteuert wird, die nicht wissen, wie ihr Vis-à-vis aussieht, ist keine Kommunikation. Sie ist eine Zumutung. Es rächt sich, wenn die Unternehmens-PR sich keinen Deut um die Bedürfnisse und Anliegen der Dialoggruppen schert. Ich möchte das – bei aller Bedeutung des Internets – besonders betonen, um nicht den Eindruck zu erwecken, jetzt sei endgültig die Zeit der virtuellen Begegnungen in der Medienarbeit gekommen. Richtig ist vielmehr, dass das Eine ohne das Andere nicht funktioniert. So wenig wie Medienarbeit ohne das Gespräch möglich ist, so wenig ist Medienarbeit ohne Web-Instrumente denkbar. Und ich hoffe sehr, dass es auch in Zukunft genügend Nutzer von Qualitätsjournalismus gibt, um diesen finanzieren zu können. Denn ohne diesen wäre unsere Gesellschaft um vieles ärmer.

Ich möchte es nicht versäumen, auch hier eine grundsätzliche Feststellung zu treffen: Die Onlinekommunikation kann nicht frei im Raum schweben. Sie ist in die integrierte Kommunikation eingebettet, muss also alle konzeptiven Vorgaben

---

88 Institut für Demoskopie Allensbach: Gesprächskultur 2.0. Wie die digitale Welt unser Kommunikationsverhalten verändert. Allensbach 2010.

berücksichtigen, die ich im Buch „Profil durch PR" beschrieben habe. Das heißt also, dass alle Maßnahmen sich aus dem Analyse- und Entscheidungsrad der Kommunikation ergeben. Sie müssen mit den dort formulierten Strategien, Taktiken, den definierten Zielen und Dialoggruppen zusammenpassen. Und noch etwas: Onlinekommunikation ist zu wichtig, um sie den technikorientierten Internetagenturen oder den optik-fixierten Werbeagenturen zu überlassen.

Gerade das Web 2.0 hat den Inhalt in den Vordergrund gerückt, und der ist nun einmal bei den Öffentlichkeitsarbeitern richtig angesiedelt, da sie immer schon den Dialog mit den verschiedenen Anspruchsgruppen in den Vordergrund gestellt haben. Für diesen Dialog gibt es eine Drehscheibe im Internet, den Mediencorner, der sich in der jüngsten Zeit zunehmend zum Newsroom weiterentwickelt.

4.1   Newsroom: die Schaltzentrale der Onlinekommunikation

Der Mediencorner auf der Website Ihres Unternehmens ist die zentrale Anlaufstelle für recherchierende Journalisten. Inzwischen hat sich aber dessen Ausgestaltung und Bedeutung ganz wesentlich weiterentwickelt. Der Mediencorner ist heute nicht mehr nur eine Publikationsplattform für Medienmitteilungen, Fotos und Broschüren. Er hat sich vielmehr zur Schaltzentrale für die gesamte Onlinekommunikation entwickelt, zum „digitalen Knoten".[89]

Diese Entwicklung auf Seiten der Unternehmen findet ihre Entsprechung bei den Medien, die ihre Redaktionsstrukturen ebenfalls angepasst haben. Um die multimediale Verzahnung verschiedener Medien möglichst ökonomisch zu gestalten, haben etliche Verlage ihre Redaktionen in Newsdesks verwandelt. In Deutschland bekamen die „Welt", mit ihren Ablegern „Welt kompakt" und „Welt am Sonntag" sowie die Berliner Morgenpost eine gemeinsame Redaktion. Gruner + Jahr beliefern seit 2009 Financial Times Deutschland, Capital, Impulse und Börse-Online ebenfalls über einen gemeinsamen Newsdesk. Nicht nur die Printversionen dieser vier Medien, auch deren Online-Versionen mit Gimmicks wie Podcasts, Newslettern und SMS-Diensten werden hier produziert. In Wien wurde die im Herbst 2006 neu gegründete Tageszeitung „Österreich" nach skandinavischem Vorbild mit einem Newsroom ausgestattet, in dem alle Meldungen zusammenlaufen und auf unterschiedlichen Plattformen weiterverwendet werden. Crossmedia heißt das auf Seiten der Verlage.

---

89   Daniel Neuen: Digitaler Knoten. In: prmagazin 4/2010, S. 38-40.

Diese nicht zuletzt durch den Zwang der Kostenreduktion und Umsatzerhöhung ausgelöste Mehrfachverwertung hat auch ihre Auswirkungen auf die Contentlieferanten selbst. Konnte man früher mit Medienmitteilungen per Fax oder E-Mail noch gute Resultate erzielen, so laufen heute bei den Journalisten die Ideen und Informationen über ganz andere Kanäle ein. Qualifizierte Direktkontakte im persönlichen Gespräch oder per Telefon, „Online-PR" und „Social Media" sind die neuen Werkzeuge in der Kommunikation.

Social Media Medienmitteilung

Ausgangspunkt für die Veränderungen Richtung „Social Media Mediencorner" war, dass die „klassische Presseaussendung" bei den Bloggern auf massive Kritik stieß. Der Journalist Tom Forenski schrieb 2006 in seinem Blog unter dem viel zitierten Titel „Die Press Release! Die! Die! Die!" über herkömmliche Presseaussendungen, die er als nutzloses Ding für Online-Publizisten sah und die somit „sterben" sollten. Er schlug eine nüchterne, auf das Wesentliche reduzierte und auf spezielle Sektionen aufgeteilte Medienmitteilung vor. Die Inhalte sollten zudem Tags bekommen, um sie leichter einordnen zu können. Tags sind im übrigen nichts anderes als Schlagworte. Die Tags werden zu so genannten Clouds (Wortwolken) verdichtet. Je öfter ein derartiges Schlagwort vorkommt, desto größer und fetter erscheint die Schrift des Wortes. Ein Beispiel: Bei Flickr werden offenbar ganz besonders gerne Fotos gepostet, die mit den Tags „wedding", „party" oder „family" versehen sind, auf den Homepages von börsennotierten Unternehmen steht „Kurs" ganz weit oben in der Liste der publizierten Themen.

Der amerikanische PR-Berater Todd Defren entwarf als Folge der Diskussion um die klassische Medieninformation einen Vorschlag, wie eine solche Social Media Press Release aussehen könnte[90] und stellte dieses Template im Internet kostenlos zur Verfügung. In der Tat sieht diese Vorlage ganz anders aus als die bereits vorgestellte Medieninformation. Allerdings wird sie bis heute nur selten in dieser Form wirklich verwendet, weil sie viele Probleme aufwirft. Einerseits bricht sie sehr radikal mit den gewohnten Medieninformationen in Aufbau, Textierung und Länge. Vor allem, so die ziemlich einhellige Kritik, schafft sie einen Informationsüberfluss, der nicht nötig ist. Andererseits hat diese Diskussion etwas ausgelöst: Medienmitteilungen sehen heute anders aus als noch vor ein paar Jahren.

---

90 http://www.pr-squared.com/2006/05/the_social_media_press_release.html

SHIFT
communications

SOCIAL MEDIA PRESS RELEASE
TEMPLATE, VERSION 1.0

CONTACT INFORMATION:	Client contact	Spokesperson	Agency contact
	Phone #/skype	Phone #/skype	Phone #/skype
	Email	Email	Email
	IM address	IM address	IM address
	Web site	Blog/relevant post	Web site

NEWS RELEASE HEADLINE
Subhead

CORE NEWS FACTS
* Bullet-points preferable

LINK & RSS FEED TO PURPOSE-BUILT DEL.ICIO.US PAGE
The purpose-built del.icio.us page offers hyperlinks (and PR annotation in "notes" fields) to relevant historical, trend, market, product & competitive content sources, providing context as-needed, and, on-going updates.

PHOTO e.g., product picture, exec headshot, etc.	MP3 FILE OR PODCAST LINK e.g., sound bytes by various stakeholders	GRAPHIC e.g., product schematic; market size graphs; logos	VIDEO e.g., brief product demo by in-house expert

MORE MULTIMEDIA AVAILABLE BY REQUEST
e.g., "download white paper"

PRE-APPROVED QUOTES FROM CORPORATE EXECUTIVES, ANALYSTS, CUSTOMERS AND/OR PARTNERS
Recommendation: no more than 2 quotes per contact. The PR agency should have additional quotes at-the-ready, "upon request," for journalists who desire exclusive content. This provides opportunity for Agency to add further value to interested media.

LINKS TO RELEVANT COVERAGE TO-DATE (OPTIONAL)
This empowers journalist to "take a different angle," etc.
These links would also be cross-posted to the custom del.icio.us site.

BOILERPLATE STATEMENTS

 RSS FEED TO CLIENT'S NEWS RELEASES

"ADD TO DEL.ICIO.US"
Allows readers to use the release as a standalone portal to this news

 TECHNORATI TAGS/"DIGG THIS"

QUELLE: SHIFT COMMUNICATIONS

Wenn Sie Näheres zu den einzelnen Rubriken in diesem Template lesen möchten, finden Sie eine ausführliche Beschreibung in der Arbeit von Timo Lommatzsch.[91]

Folgende vier Anforderungen müssen die Social Media Releases erfüllen:

▶ Sie müssen relevante Informationen für Verfasser von Online-Inhalten, Journalisten und interessierte Online-Bezugsgruppen enthalten.

▶ Die Inhalte werden kurz und knapp vermittelt. Im Grunde beschränkt sich die Ur-Idee auf eine Überschrift und einzelne Schlagworte. Die restlichen Inhalte werden über Links hergestellt.

▶ Die Auffindbarkeit der Informationen muss bestmöglich gewährleistet werden, was eine spezifische inhaltliche und formale Aufbereitung voraussetzt.

▶ Die Inhalte müssen so einfach wie möglich weiter verbreitet und diskutiert werden können.

▶ Der Dialog mit dem Verfasser der Social Media Release ist jederzeit online möglich.

Wie gesagt: Die generelle Einstellung vieler Unternehmen ist heute noch nicht so stark auf den Dialog fixiert, dass alle Punkte erfüllt würden. Auch die textliche Selbstbeschränkung findet nicht in der anfangs geforderten Form statt. Aber erste Ansätze gibt es bereits, die sich in diese Richtung begeben. Und das ist auch sinnvoll.

Ergänzung zum herkömmlichen Mediencorner

Aufbauend auf den Ideen für die neue Form der Medienmitteilung hat Todd Defren einen Social Media Newsroom entwickelt. Ziel des Newsrooms ist es, Medienmitteilungen nicht nur „klassisch" anzubieten, sondern auch Bloggern die notwendigen Materialien für eine Veröffentlichung an die Hand zu geben. Der Social Media Newsroom nimmt sich der Bedürfnisse von Bloggern, Online-Journalisten und Otto Normalverbrauchern sowie den technischen Gegebenheiten im Internet an und verknüpft alle „Web 2.0-Tools". Todd Defrens Urentwurf bestand aus drei Spalten mit mehreren Kästen: in der Mitte die nach seinen Vorstellungen gestalteten Medienmitteilungen, dazu links und rechts davon in schmalen Spalten Multimediagalerien, Veranstaltungskalender, Tag Clouds und RSS Feeds sowie eine umfassende Rechteeinräumung etwa über sogenannte Creative Commons. Darüber hinaus

---

91   Timo Lommatzsch: Der Social Media Release. Eine neue Form der Online Veröffentlichung und Verbreitung von Nachrichten und Informationen: www.socialmediapreview.de/ebook-zum-social-media-release/

gehört zu einem „Social Media Newsroom" ein umfassendes Kontaktmanagement, die Verantwortlichen für die Öffentlichkeitsarbeit im Unternehmen bzw. der PR-Agentur veröffentlichen hier ihre Accounts bei Xing, Facebook und Skype.

Abbildung 27[92] gibt einen guten Überblick über das Beziehungsgeflecht von Online- und Offline-Medien:

Abbildung 27: Social Media Newsroom

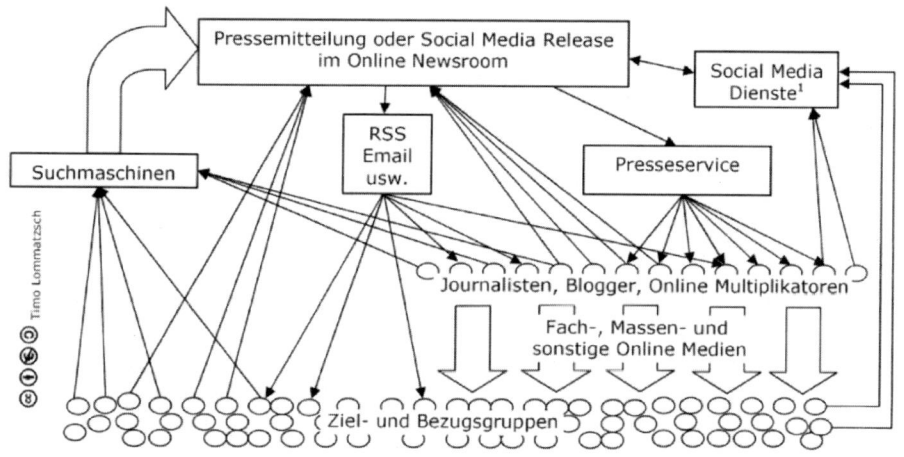

© 2010 CROSSMEDIALE PRESSEARBEIT

QUELLE: TIMO LOMMATZSCH

Man kann die Ziele eines Social-Media-Newsroom so formulieren:[93]

▶ Push- und Pull-Elemente zur Verbreitung der Inhalte

▶ Ansprache von Redaktionen und Blogoshpäre

▶ aktuelle Ausstrahlung von Bewegtbildern

▶ zentrales Archiv für Pressearbeit

▶ schnelle Kontaktmöglichkeiten in das Unternehmen

▶ Eröffnung eines Dialoges (z.B. via Twitter oder Xing)

▶ Übersicht und Kanalisierung der öffentlich zugänglichen lizenzfreien Bilder, Videos und Texte

▶ Übersicht über schon vorhandene und entstehende andere Seiten, Dienste, Blogs und Microblogs des Unternehmens.

---

92 http://www.socialmediapreview.de/ebook-zum-social-media-release/

93 http://www.kubitz.net/web-20/social-media-newsroom-dann-halt-vor-wikipedia/

Der Fokus auf das Schreiben und Versenden von Medienmitteilungen rückt in den Hintergrund und wird Teil einer umfangreicheren Kommunikationsstrategie. Neue Inhalte und Medienformate sind zu erstellen, die Kommunikation des Unternehmens ist zentral zu managen, dezentral zu positionieren, und verschiedene Kanäle sind zeitgleich zu beliefern. Vor allem greift im Social Media Newsroom das seit Langem diskutierte Konzept der integrierten Kommunikation: Alle Kanäle werden in diesem unternehmensinternen Newsroom gebündelt.

Social Media Newsrooms nach Defren-Muster sind in Europa nicht die Regel. Das zeigt das Beispiel von Microsoft Deutschland: Zur CeBIT wurde ein Social Media Newsroom eingerichtet, ohne dass der klassische Pressebereich deswegen abgeschaltet worden wäre. Begründung von PR-Chef Thomas Mickelfeit: „Journalisten haben hierzulande nach wie vor die zentrale Gatekeeper-Funktion."[94]

Die meisten Unternehmen, die Social Media in ihre Newsroomkonzeption einbeziehen, gehen Kompromisse ein und ergänzen lediglich das Informationsangebot. In manchen Fällen – wie bei Coca-Cola – gibt es keine Kommentarfunktion, sodass die Urspungsidee der Online-Community, nämlich den Dialog zu fördern, nicht umgesetzt ist.

Diese Kommunikationszentralen im Internet steuern als digitale Knoten nicht nur einen großen Teil der Unternehmenskommunikation, sondern bilden auch die einfache Basis, um nach und nach weiter in die Landschaft des Web 2.0 zu expandieren. Der Online Social Media Newsroom ist damit ein entscheidendes Puzzleteil in der Kommunikationsbranche und heute schon ein bedeutender Faktor im Rennen um die Zukunft.[95]

Der Social Media Newsroom ist eine technische Innovation, die Vorteile bietet, weil eine Bündelung der Onlineaktivitäten und eine multimediale Ansprache erfolgt, die Kommunikation also integriert wird. Dies wurde ja schon seit Langem gefordert. Die Frage, ob damit auch die wichtigsten Dialoggruppen erreicht werden und ein Kommunikationsmehrwert erzielt wird, muss jedes Unternehmen selbst beantworten.

---

94   prmagazin 4/2010, S. 39.
95   http://infos.mediaquell.com/2009/11/27/kommunikationswandel-wie-agenturen-von-online-pr-und-social-media-newsrooms-profitieren-koennen-839/

Abbildung 28: Newsroom Wenzel

© 2010 CROSSMEDIALE PRESSEARBEIT

QUELLE: wenzel-muc.de

Der Newsroom der Druckerei Wenzel in München ist ein sehr gutes Beispiel, wie ein Newsroom eines mittelständischen Unternehmens aussehen könnte. Auf den ersten Blick erhält der User alle wichtigen Informationen, aktuelle und meist beschriebene Themen über die Tagcloud. In weiterer Folge besteht die Möglichkeit, sich via Auswahlreiter in andere relevante Bereiche zu begeben. Beispielsweise zu aktuellen Blogs, Videos, Facebook etc. Sehr gut gelöst ist hier auch die Kontaktfunktion. Anzusehen unter www.wenzel-muc.de.

Der Lastkraftwagenhersteller SCANIA implementiert in seinem Social-Media-Newsroom aktuelle Informationen, Tags, ein übersichtliches Kategorienschema, sowie Youtube-Videos, RSS-Feeds und Verlinkungen zu Flickr, Facebook und Co.

Somit gewährleistet Scania dem User durch die sehr übersichtliche Gestaltung der Website bestmöglichen Zugang zu Unternehmensinformationen. Nachzulesen unter www.scanianewsroom.com.

Weitere Beispiele für die Darstellung von Social-Media-Newsrooms finden Sie unter http://slides.diigo.com/list/fwhamm/social-media-newsrooms.

4.2 Online-Communities: der Austausch auf Expertenebene

Bewertung

Unternehmen		Medium	
Bedeutung	O	Bedeutung	O
Aufwand/Praktikabilität	O	Aufwand/Praktikabilität	+
Dialogorientierung	++	Dialogorientierung	+
Zukunftsentwicklung	+	Zukunftsentwicklung	+
Online-Tauglichkeit	++	Online-Tauglichkeit	++

Ein kommunikatives Phänomen, das durch Web 2.0 entstanden ist, sind „virtuelle Gemeinschaften", die dem Austausch von Informationen, zur öffentlichen Diskussion und zur Verbreitung von Meinungen dienen. Eine Online-Community ist definiert als eine interaktive Gruppe von Personen, die sich aufgrund eines gemeinsamen Interesses zusammengefunden hat. Auch wenn der Begriff vielleicht nicht ganz treffend ist, bezeichne ich diese Form der Community als „Expertenforum". Damit können sie von den momentan extrem stark beachteten Social Media Plattformen unterschieden werden, von denen weiter unten noch ausführlich die Rede sein wird.

Das Thema Online-Communities auf Expertenebene wurde von der Landesforschungsgesellschaft Salzburg Research eingehend analysiert. Tabelle 1 zeigt, in welchen Einsatzgebieten die meisten Communities erfolgreich tätig sind. Und die sind durchaus auch einen zweiten Blick für die Unternehmenskommunikation wert (siehe Tabelle 1[96]).

---

96 Sandra Schaffert/Diana Wieden-Bischof: Erfolgreicher Aufbau von Online-Communitys. Konzepte, Szenarien und Handlungsempfehlungen. Salzburg 2009 (Reihe Social Media, Band 1 des Salzburg NewMediaLab), S. 67.

Tabelle 1   Einsatzgebiete von Online-Communities

Aufbau von Communities	Online-Selbsthilfegruppe	Online-Communities auf professionellen Nachrichten-Sites	Unternehmens-internes Wissens-management	Lern-Communities	Innovations-entwicklung mit Kunden	Open-Source-Entwicklung
Zwecke der Community aus Sicht des Initiators/Betreibers	Hilfe zur Selbsthilfe (auch PR)	Leserbindung, Content-Erweiterung	Wissensmanagement	Lernen ermöglichen, verbessern	Innovationsentwicklung	Einbindung von anderen Experten
Ziel aus Sicht der Communitie	Informativer und sozialer Austausch	Erstellung von Beiträgen	Austausch von Wissen	kooperatives Lernen	Austausch über Ideen und Produkte	Entwicklung freier Software
Zielgruppe	psychisch oder physisch Beeinträchtigte (& Angehörige)	(potenzielle) Bürgerjournalisten	Mitarbeiter	Lernende	Kunden	Software-Entwickler
Kommerzielles Interesse des Betreibers	x/✓	✓	✓	x/✓	✓	x/✓
Nur auf Zeit angelegt	x	x	x	x/✓	x/✓	x/✓
Teilnahme freiwillig	✓	✓	x/✓	x/✓	✓	x/✓
Technologie/Plattform (typische)	Diskussionsforen	plattformgebunden	plattformgebunden	diverse	plattformgebunden	diverse
Bezugsdisziplinen mit Forschungstätigkeit	Medizin/ Psychologie, BWL	Kommunikations-wissenschaften	BWL	Pädagogik	BWL	BWL, Informatik

DIE CHARAKTERISTIK DER AUSGEWÄHLTEN EINSATZGEBIETE VON ONLINE-COMMUNITIES

ANMERKUNG: ✗ BEDEUTET „NEIN", ✓ „JA" UND ✗/✓ TEILS/TEILS

Für die Medienarbeit sind Online-Communities auf professionellen Nachrichtensites und Communities of Practice am wichtigsten. Letztere beschreiben Gruppen von Personen, die ein Interesse oder eine Leidenschaft für etwas teilen und durch regelmäßiges Interagieren mit anderen lernen, ihre Aktivitäten und ihr Handeln noch zu verbessern. Sie sind in der Tabelle gar nicht abgebildet, weil sie meist relativ kleine, deshalb aber für die Medienarbeit nicht minder bedeutende Gruppierungen umfassen.

Die Foren sind für die Medienarbeit deshalb besonders interessant, weil sie Einblicke in ganze Branchen bieten, innovative Ansätze diskutieren, Know-how vermitteln und nicht zuletzt Hintergründe ausleuchten und praktische Anwendungsbeispiele liefern. Das oberste Prinzip für die Communities selbst lautet „gewähren lassen", für Unternehmen, die diese Foren in der Medienarbeit nutzen wollen, gilt es zunächst aufmerksam zu beobachten, aktiv zu unterstützen (wenn möglich und nötig) und in Einzelfällen sogar die Gründung eines eigenen Forums. Die folgenden Beispiele veranschaulichen dies. Im Buch von Schaffert und Wieden-Bischof selbst wird auch eine Reihe von Fallbeispielen besprochen, die eine Vielzahl von Anregungen für jeden interessierten Online-Kommunikator bringen. Ein Blick in die sechs Anwendungsfelder lohnt sich also.

➕ BEISPIELE AUS DER PRAXIS:

Der US-amerikanische Hersteller von Computer-Hardware Dell[97] ist in der Welt des Web 2.0 außerordentlich gut vertreten. Eine eigene Community läuft unter dem Titel „Ideastorm". Das ist eine Plattform, bei der sich jeder User aktiv in das Unternehmen einbringen kann. Hier sind Ideen von engagierten Menschen gefragt, wie man Dell-Produkte noch verbessern könnte. Jedes Mitglied der Community kann Vorschläge posten, Geistesblitze von anderen als gut oder weniger gut befinden und wenn man Glück hat, setzt Dell sinnvolle Vorschläge um. Die Dell Community hat weit über 10.000 Ideen gepostet und bald eine Million mal über Vorschläge abgestimmt. Bisher hat das Unternehmen immerhin rund 400 Ideen umgesetzt. Der texanische Hardware-Hersteller bezieht die User in das Unternehmen ein, gibt das Gefühl mitzubestimmen, setzt auf einen offenen Dialog (Stichwort „open source bzw. innovation"-Entwicklung) und verbessert damit auch noch die eigenen Produkte.

Der Sportartikelhersteller Nike ließ in der Vergangenheit öfters durch zukunftsträchtige Innovationen aufhorchen. Als Beispiel sei nur das 2007 erschienene Set mit hauseigenen Laufschuhen und dem iPod aufgeführt, der mithilfe eines Steck-Empfängers Trainingsleistungen aufzeichnen konnte. Wer zusätzlich Mitglied der Nike+ Community war, konnte sich mit anderen Läufern aus der ganzen

---

97 http://en.community.dell.com/

Welt zu virtuellen Rennen verabreden. Das „NIKEiD"-Portal überdauert nun schon ein knappes Jahrzehnt und scheint sich über die Jahre erfolgreich etabliert zu haben. Zentraler Gedanke des Portals ist ein individuell zugeschnittenes Produkt für den Endverbraucher. Jeder kann sich auf Basis vorhandener Produkte seine eigene Version „zusammenbauen". Ein persönlich gestaltetes Lauf-Shirt, Fußballschuhe mit einer Mischung aus selbst gewählten Farben oder Kleidung mit seinen Initialen – NIKEiD[98] verleiht Persönlichkeit und Individualität in der Welt der Massenherstellung. Mit diesem Portal erzeugt NIKE Identifikation, die Nutzer partizipieren an der Marke und erhalten ein maßgeschneidertes Produkt, das von der Wertschätzung her um einiges höher einzustufen ist, als die sonst so übliche Massenware.

Adidas geht ganz neue Wege in der Mitarbeiterkommunikation. Das Intranet der Herzogenauracher, genannt „adiweb", bietet den knapp 39.000 Beschäftigten eine als Blog gestaltete Einstiegsseite. Mitarbeiter können Blogposts verfassen, Kommentare und Bewertungen abgeben oder das Archiv der älteren Beiträge einsehen. Je tiefer man in das „adiweb" eintaucht, desto stärker trifft man auf Wikis, wie etwa die Darstellung der Firmenenzyklopädie in Anlehnung an Wikipedia beweist. Wie die Verwandlung eines passiven Mitarbeiters in einen aktiven vollzogen werden kann, lässt sich am Bereich „Ask the Management" erahnen. Jeder kann, namentlich oder anonym, Fragen an das Management stellen, die garantiert und innerhalb von maximal zehn Tagen beantwortet werden. Die Anonymität soll Beschäftigten eventuelle Ängste nehmen und auf diese Weise die Kommunikation fördern. Das „adiweb" überzeugt durch Einfachheit und dadurch allgemeine Zugänglichkeit ebenso wie durch den geringen Kostenfaktor. Adidas bindet die Arbeitnehmer aktiv in das Unternehmen ein und stellt sie mithilfe der neuen Mitarbeiterplattform in das Zentrum der Unternehmenskultur.

4.3 Soziale Plattformen: Einladung an den Stammtisch im Internet

Was früher der Verein, der Stammtisch oder diverse Wirtschaftsclubs waren, sind heute soziale Netzwerke im Internet. Nur eben mit regional breiter aufgestellter Mitgliedschaft und der Möglichkeit, nach Personen Ausschau zu halten, die mit ihrem Profil ins gewünschte Muster der eigenen Interessen passen. Nachdem sich die sozialen Netzwerke immer mehr verbreiten, sollten Sie für Ihr Unternehmen

---

98 http://nikeid.nike.com/nikeid/index.jsp

prüfen, ob es sich nicht lohnen würde, am Stammtisch im Internet Platz zu nehmen, alte Freunde einzuladen und neue zu gewinnen.

Auf der Cebit 2009 wurde für die Verbreitung sozialer Netze im Internet der Begriff „Webciety" erfunden, also die Verbindung von Web und Gesellschaft (Society). Ob Facebook, Myspace, Twitter, StudiVZ oder Xing: Jeder findet das passende Netzwerk für sich oder gleich mehrere: eines für private Kontakte, eines für geschäftliche Beziehungen und eines fürs Hobby.[99] Gerade in ländlichen Gegenden, wo selbst der Weg zum nächsten Supermarkt mit dem Bus genommen werden muss, hat die virtuelle Vernetzung eine große Bedeutung. Aber was bringen soziale Netzwerke für Unternehmen?

Zunächst sind Journalisten offensichtlich sehr affin, was Social Media Plattformen betrifft. 82 Prozent der von der Agentur IKP und der Fachzeitschrift „Der Österreichische Journalist" befragten Redaktionsmitarbeiter sind dort aktiv. Das liegt deutlich über dem österreichischen Durchschnitt von 69 Prozent. Die Ergebnisse der Umfrage zeigen auf, dass sich unter den gängigen Web 2.0 Plattformen zwei Big-Player herauskristallisiert haben: Über zwei Drittel der österreichischen Kommunikationsprofis nutzen Xing, der Branchenprimus ist jedoch Facebook – 79 Prozent der Befragten sind dort mit einem Profil vertreten. Twitter liegt mit 30 Prozent weit abgeschlagen dahinter, gefolgt von YouTube (27 Prozent) und der „VZ-Gruppe" (Mein VZ, Studi-VZ, Schüler-VZ) mit 17 Prozent. Die Schlusslichter bilden MySpace mit 13 Prozent und LinkedIn mit 10 Prozent.[100] Über die sozialen Plattformen lassen sich also viele Kontakte herstellen.

Die zehn größten Netzwerke haben rund eine Milliarde Mitglieder[101]. Die Zugriffe auf die verschiedenen Social Media-Kanäle sind gewaltig, wenngleich das noch nichts über die Relevanz speziell für Ihr Unternehmen aussagt, wenn Sie sich hier oder dort engagieren möchten. Zweifelsfrei ist, dass wir es mit einem massenmedialen Phänomen zu tun haben.

Soziale Netzwerke werden auch von Medienschaffenden zur Recherche herangezogen, wenngleich die Glaubwürdigkeit niedrig eingeschätzt wird und jedenfalls vor der Verwendung als Grundlage für einen Artikel verifiziert wird, hat das Schweizer Institut für Angewandte Medienwissenschaft herausgefunden.[102]

Die sozialen Netzwerke sind aber auch ein nicht zu vernachlässigendes PR-Tool. Wenn Mitarbeiter eines Unternehmens sich hier positiv äußern, dann bringt das

---

99   Soziale Netze. Die Internet-Gesellschaft. http://www.stern.de/computer-technik/internet/:Soziale-Netze-Die-Internet Gesellschaft/656970.html
100 http://www.observer.at/letter/letter54/story_988.html
101 Freunderlwirtschaft 2.0. In: Format 12/09, S. 65 ff.
102 Keel/Bernet (2009), www.iam.zhaw.ch

oft mehr als alle Bemühungen, offizielles Employer Branding zu betreiben. Häufig werfen die Einträge ganz überraschende Fragen auf, die sich früher nie gestellt hätten: Wie ist etwa zu verfahren, wenn ein Networker sich als Mitarbeiter des eigenen Unternehmens outet und das Firmenlogo verwendet? Schön, wenn daneben ein gutes Zeugnis abgegeben wird über den Arbeitgeber. Aber was ist, wenn die Liaison eines Tages nicht mehr so positiv gesehen wird?

„Wir befinden uns derzeit in der Internet-Pubertät und experimentieren noch ein wenig mit den Möglichkeiten herum, probieren aus, was geht und wohin die neue Technik führt. Während die älteren Nutzer eher zögerlich neue Technologien ausprobieren, haben die Jüngeren Twitter und Co. bereits verinnerlicht. Langsam aber sicher ändert sich das Bild, das Web entwickelt sich vom Pausenhof der jungen Nutzer zum Kontakthof für alle", schreibt der „Stern" über die Internet-Gesellschaft.

Bei den sozialen Netzwerken geht es darum, Freunde oder einfach Menschen mit ähnlichen Interessen zu finden und ihnen Nachrichten zukommen zu lassen. Zunächst denkt dabei jeder zunächst an Facebook oder Xing. Aber damit sind die Möglichkeiten bei Weitem nicht erschöpft. Weitere bekannte Plattformen für den Austausch von Informationen mit Freunden und der ganzen Welt sind:

▶ Flickr, Picasa (Fotos)

▶ YouTube, MyVideo, Clipfish (Videos)

▶ Twitter (Kurznachrichten)

▶ Delicious, Digg, Mister Wong (Austausch von Links)

In den jeweiligen Kategorien gibt es immer eine Vielzahl weiterer Anbieter, das sind aber die bekanntesten. Die Relevanz der Kanäle wird - in der Tradition der Mediaforschung - über die Reichweite definiert. In den Social Media spielt bei der Ermittlung der Reichweite neben der Zahl der Kontakte auch deren Vernetzungsgrad und Multiplikatoreffekt eine besondere Rolle. Aufgabenstellung ist es, die für Sie relevanten Kanäle zu ermitteln. Danach stellt sich die Frage, inwieweit Sie sich selbst einbringen wollen bzw. ob es für Ihr Unternehmen überhaupt Sinn ergibt, sich aktiv einzubringen.

„Social Media" sind heute längst ein Massenphänomen geworden. Es stellt sich also nicht die Frage, ob die Menschen Social Media nutzen werden, sondern eher die Frage, wann, wozu und in welcher Intensität. Soziale Netzwerke sind ein Phänomen, an das selbst große Unternehmen erst langsam herangeführt werden müssen. Die DAX-Unternehmen, die das PR-Magazin unter die Lupe genommen hat, nutzen Web 2.0-Ansätze noch nicht systematisch.[103]

Abbildung 29: Prozentuale Präsenz innerhalb der DAX-Unternehmen in den verschiedenen sozialen Medien

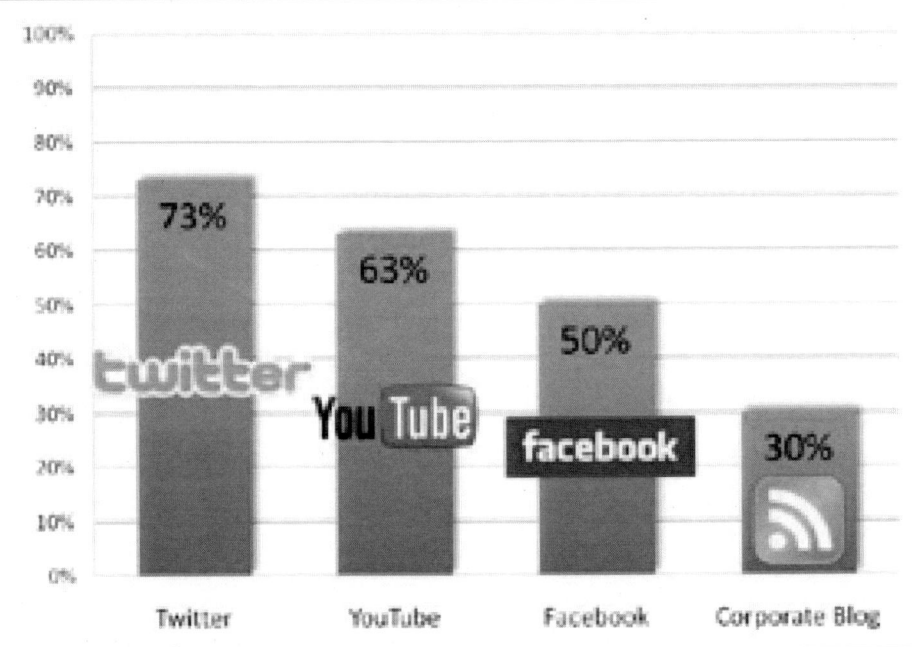

Es gibt zwei Arten, soziale Online-Netzwerke zu nutzen, meint Sebastian Ulbrich, der an der Hochschule für Angewandte Psychologie FHNW die Struktur sozialer Netzwerke erforscht: „Die externe Nutzung erlaubt es, mit Kunden in Kontakt zu treten, sei es via Facebook-Account, oder man verbreitet Informationen über Twitter."[104] Intern können die Sites helfen, die Kommunikation zu verbessern.

Das Entscheidende an den sozialen Plattformen aus der Sicht der Unternehmens-PR ist, dass sie genau hinhören und bereit sind, in einen Dialog einzutreten. Zu Beginn empfiehlt es sich, zuerst einmal abzuwarten, andere User zu beobachten und zu lesen. Erst nach dieser Warmup-Phase können Sie langsam beginnen, sich in den Freundeskreis einzuklinken und aktiv mitzutun.

---

103 Nachsitzen. In: PR-Magazin 10/2009, S. 19
104 Zitiert nach: Andrea Masek: Facebook ist für Firmen profitabel: http://www.a-z.ch/news/vermischtes/facebook-ist-fuer-firmen-profitabel-4388258, erschienen in der Printausgabe des Schweizer „Sonntag".

Sollten Sie selbst bzw. das Unternehmen, für das Sie arbeiten, noch gar keine Erfahrung mit dem Thema haben, erstellen Sie einfach einmal auf einer der genannten Plattformen ein Profil von sich. Sie müssen dabei ja noch nicht viel von sich bekannt geben. Dann können Sie schauen, wer Ihnen noch so über den Weg läuft. Es gibt ganz einfache Suchmöglichkeiten: Ihre ehemaligen Schul- und Studienkollegen werden sofort aufgelistet, wenn Sie z.B. das Jahr Ihres Schulabschlusses eingegeben haben. Sie können aber auch nach Namen suchen, die Sie interessieren. Und da wird es im Hinblick auf die Beziehungen zu Journalisten schon interessant.

Sie können nach Medienvertretern z.B. im Facebook suchen und eine Anfrage schicken, ob Sie Freunde werden wollen. Dabei sollten Sie sich momentan aber noch nicht zu viel erwarten. Obwohl fast jeder zweite Journalist laut der jüngsten Bernet-Studie[105] soziale Plattformen für die Recherche nutzt, sind sie selbst sehr zurückhaltend, sich dort mit eigenem Profil zu outen. Das hat jedenfalls eine eigene Feldstudie ergeben, die unsere Agentur für eine mittelgroße Medienregion durchgeführt hat.

Bei mittleren Unternehmen stehen die sozialen Medien noch längst nicht auf der Agenda. Der Mittelstand – Ausnahmen, die rasant zunehmen, bestätigen natürlich die Regel – versteht das Internet noch als Online-Veröffentlichungsmöglichkeit nach Art einer Firmenbroschüre.

Das ist aber noch kein Grund, sich nicht näher mit dem Thema auseinanderzusetzen, denn das Wachstum an Nutzern ist gigantisch und die Entwicklung „ist nicht zuletzt von der Innovationskraft der Anwendungen abhängig, die für die Social Media entwickelt werden. Wenn es gelingt, überzeugende Angebote für die echten Kommunikationsbedürfnisse und -probleme der Menschen zu machen, so wird sich die heute spürbare Sogwirkung der digitalen Medien weiter verstärken. Insofern sind Social Media keine Nischen- oder Spezialthemen, sondern beschreiben einen zukunftsweisenden Trend und ein Phänomen, das in seiner Bedeutung für die Medienlandschaft wie auch für Kommunikation, Marketing und Management nicht zu unterschätzen ist."[106]

Bei den sozialen Medien kommt es nicht nur darauf an, die richtige Infrastruktur für Kommunikation und Business aufzubauen, sondern dass man vor allem die „richtige Strategie und Tonalität entwickeln muss, um diese zu bespielen. Es entstehen neue Fragen zur Intensität und Qualität der Beziehungen, die in einem Netzwerk entstehen. Damit verschiebt sich die Perspektive von der Effizienz zur Effektivität der Kommunikation."[107]

---

105 Keel/ Bernet. Download: www.iam.zhaw.ch
106 Nadja Parpart: Social Media: Dialog als Erfolgsfaktor für Unternehmen. München 2009 (Virtual Identity AG).
107 Nadja Parpart (2009), S. 14.

Lernfähigkeit wächst mit dem Tun

Eine umfassende Strategie für das Agieren in den sozialen Medien ist noch die Ausnahme: Nur fünf Prozent der Unternehmen bedienen laut Universität Oldenbourg zugleich Facebook, Twitter, YouTube und Unternehmensblogs. Meist wird an einer Ecke der sozialen Netzwerke begonnen, und dort werden erste Erfahrungen gesammelt. Sind die positiv, schwappt die Welle auf andere Bereiche über. Die Lernfähigkeit wächst mit dem Tun und natürlich sind große Unternehmen hier Vorreiter: „Adidas oder Siemens haben auf ihren erfolgreichsten YouTube-Kanälen innerhalb eines Jahres rund 200.000 Abrufe erreicht. Lufthansa schaffte es, mit einem Gewinnspiel binnen weniger Wochen mehrere tausend Nutzer zu Followern auf Twitter zu machen. SAP gelang es, ein echtes Netzwerk im Web zu organisieren", hat Lother Rolke von der Fachhochschule Mainz erhoben.[108] Auch das Geschäftsnetzwerk Xing bietet Unternehmen nun eine Plattform: Die Lufthansa hatte als erstes Unternehmen mehr als 3.000 Follower auf ihrem Firmenprofil in dem Geschäftsnetzwerk.

In Deutschland sind – neben den Medien – vor allem Unternehmen aus den Branchen Telekommunikation, Elektro, Unterhaltungselektronik und Automobilbau in den sozialen Medien aktiv. Unter den Dax-Unternehmen geben mit BMW, Daimler und Volkswagen drei Autohersteller den Ton im Web 2.0 an. Daneben erzielen SAP, Adidas und die Deutsche Telekom die höchste Resonanz: Dies wird anhand der Follower auf Twitter, der Fans auf Facebook, der Kommentare im Blog und der Videoabrufe bei YouTube gemessen.

Vor allem Twitter und Blogs entwickeln sich zur Beschwerde- und Auskunftsstelle. Hilfe bei Problemen wird auf Plattformen geholt, auf denen sich Nutzer mit ähnlichen Schwierigkeiten austauschen. Wenn die Unternehmen nicht aufpassen, sind sie außen vor. Andere sprechen plötzlich für das Unternehmen. Hier verschwimmt die Grenze zwischen Public Relations und Kundendienst. „Die einst rein private Angelegenheit zwischen Kunde und Unternehmen wird mehr und mehr in die Öffentlichkeit getragen – und mutiert so zum Krisenherd und Reputationsproblem. Ein unzufriedener Kunde ist in der Lage, einen gefährlichen Sturm auszulösen."[109] Leicht springt von hier aus der Funke auf die traditionellen Medien über. Ganz sicher aber können Sie sein, dass gut recherchierende Journalisten bei der nächsten Medieninformation Ihres Unternehmens, in der Sie ein bestimmtes Produkt positiv darstellen, sich einmal anschauen, was dazu alles im Internet kur-

---

108 Zitat und vorstehende Grafik wurden von der FAZ am 7. Dezember 2009 publiziert: http://faz-community.faz.net/blogs/netzkonom/archive/2009/12/07/unternehmen-bauen-engagement-in-sozialen-medien-aus.aspx
109 Daniel Neuen: Lieschen Müllers Megafon. In: PR-Magazin 10/2009, S. 35.

siert. Spätestens dann müssen Sie sich damit auseinandersetzen, was als Thema auf die sozialen Plattformen gehoben wurde.

Meist waren es die negativen Beispiele, die das Social Web Unternehmen in den Blick nehmen ließ. Sie können das Ganze auch positiv wenden. Nutzen Sie soziale Plattformen als ein Markt- und Meinungsforschungslabor. Der US-Computerbauer Dell ging zwei Jahre durch die „Dell Hell", ehe das Unternehmen selbst in Blogs Fragen von Kunden beantwortete, Produktideen und Verbesserungsvorschläge diskutieren ließ. Der Dialog mit den Kunden, die sich mit Ihrem Produkt auseinandersetzen, bietet viele Chancen. Sie erfahren, was die Verbraucher, die vielleicht sogar Freunde Ihrer Marke sind, darüber denken. Wenn Sie es mit kommunikationsfreudigen Menschen zu tun haben, dann nutzen Sie doch deren Netzwerk. Laden Sie sie ein, Produkte zu testen, die Meinung zu sagen und Erfahrungen weiterzugeben. Sie bauen sich so langfristig eine Supporter-Lobby auf.

Im Übrigen sind die Web 2.0-Werkzeuge nicht nur ein Thema, das die Wirtschaft vor Herausforderungen stellt. Auch die katholische Kirche setzt sich mit dem Thema intensiv auseinander. Die Begründung dafür ist jedenfalls lesenswert: „Als Martin Luther die Heilige Schrift in die deutsche Umgangssprache übersetzt hatte, hat er den Menschen kein neues Evangelium gegeben, aber er hat ihnen das Evangelium in der Sprache vermittelt, in der sie miteinander kommuniziert haben ... Wie kommen wir heute an den - vor allem jungen - Menschen mit der Frohen Botschaft heran? Bleiben wir bei Kirchenzeitungen, Plakaten und jeder Menge beschriebenem Papier stehen? Oder lernen wir mit Internet umzugehen, wagen wir es, mit jungen Menschen mittels Videos, SMS und Facebook zu kommunizieren und die Menschen einzuladen, mit uns in Kommunikation zu treten, auch mit kritischen Meinungen und Ansichten?"[110] Genau dieser Frage müssen sich auch die Unternehmen stellen.

Hotels haben sehr früh gelernt, die Mund-zu-Mund-Propaganda im Internet zu nutzen, da sie schon seit jeher auf die Empfehlung zufriedener Gäste gesetzt haben. Genau nach diesem Prinzip werden jetzt auch die sozialen Medien genutzt: „Lass andere über dich sprechen und kommuniziere mit ihnen", nennt das die Tourismus-Internet-Agentur ncm.at.[111] Eine Nielsen-Umfrage aus dem Jahr 2009 zeigt, dass Empfehlungen über die sozialen Netzwerke einen hohen Grad an Glaubwürdigkeit aufweisen und dabei vor allen „klassischen Medien" liegen.

---

110 Josef Marketz: Frohe Botschaft auf Facebook. In: Geld. Macht - Mammon - Mythos. Jahrbuch der Diözese Gurk 2010, S. 113.

111 ncm.at: Social Media Koordinator. Mit Blog, Facebook, Twitter & Co erfolgreich im Tourismus. Workshopunterlage 2009, S. 10.

Kontrollverlust stellt für Manager ein Problem dar

Was ist der Grund dafür, dass viele Unternehmen nur zaghaft die neuen Kommunikationschancen gegenüber Kunden und Journalisten nutzen? Zu viel Chaos und zu wenig Steuerung herrschen hier vor: Dies muss Managern, die gerne alles unter Kontrolle haben, suspekt sein. Das Web 2.0 wird dezentral gesteuert, „crowdsourcing" lautet hier die Devise. Kommunikation wird also vielen überlassen. „Lieschen Müllers Megafon"[112] nennt das PR-Magazin die sozialen Medien. Manager sind zwischen Unverständnis, strikter Ablehnung, Verbotsstrategie, Ungläubigkeit und Neugier hin- und hergerissen . Im besten Fall gibt es Freiräume, die jetzt schon gar nicht mehr so neuen Medien auszuprobieren. Das sind dann die Pioniere in den Unternehmen, die sich das Ganze sehr viel genauer ansehen und auch aktiv werden.[113]

Relevanz der Dialogpartner

Bei den sozialen Medien gibt es viele Jäger und Sammler. Charlene Li and Josh Bernoff klassifizierten Nutzer als „Inactives", „Spectators", „Joiners", „Collectors", „Critics" und „Creators". [114]

---

112 Neuen (10/2009), S. 34-37.
113 Andrea Back/Norbert Gronau/Klaus Tochtermann (Hrsg.): Web 2.0 in der Unternehmenspraxis. Grundlagen, Fallstudien und Trends zum Einsatz von Social Software. München 2008.
114 Details zur Publikation unter http://www.forrester.com/Groundswell/book.html, die Leiter wurde auf verschiedene Plattformen geladen. Unter anderem auf http://www.flickr.com/photos/25131367@No5/2955726053

Abbildung 30: Akteure Social Media Community

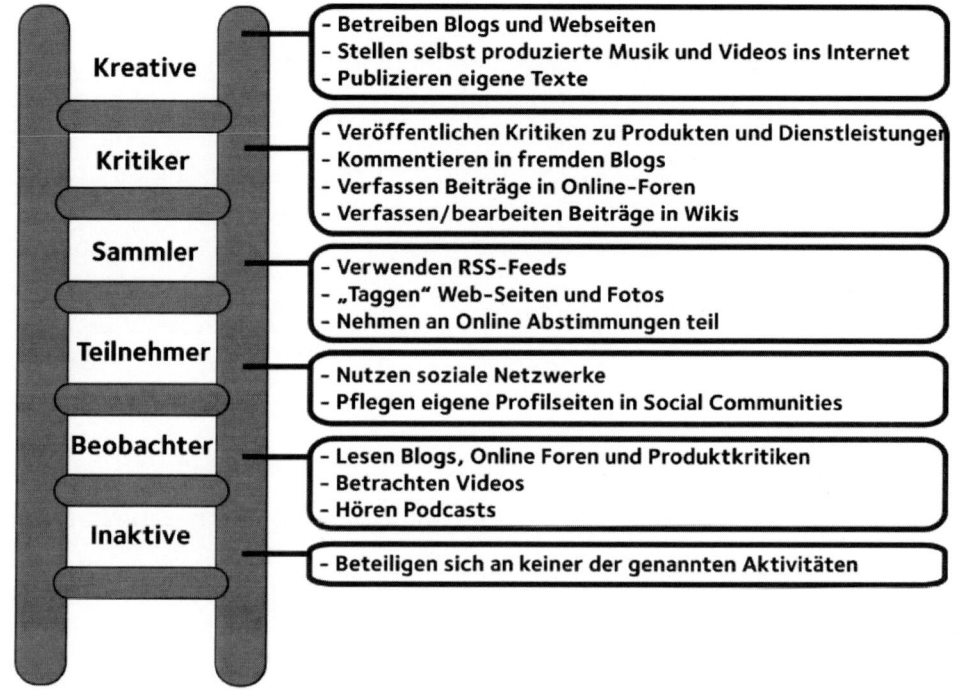

Kreative
- Betreiben Blogs und Webseiten
- Stellen selbst produzierte Musik und Videos ins Internet
- Publizieren eigene Texte

Kritiker
- Veröffentlichen Kritiken zu Produkten und Dienstleistungen
- Kommentieren in fremden Blogs
- Verfassen Beiträge in Online-Foren
- Verfassen/bearbeiten Beiträge in Wikis

Sammler
- Verwenden RSS-Feeds
- „Taggen" Web-Seiten und Fotos
- Nehmen an Online Abstimmungen teil

Teilnehmer
- Nutzen soziale Netzwerke
- Pflegen eigene Profilseiten in Social Communities

Beobachter
- Lesen Blogs, Online Foren und Produktkritiken
- Betrachten Videos
- Hören Podcasts

Inaktive
- Beteiligen sich an keiner der genannten Aktivitäten

QUELLE: LI/BERNOFF

Die Relevanz der Akteure einer Social Media Community ergibt sich aus deren Positionierung im Diskurs sowie aus ihrem Aktivitätsgrad. Wir bewegen uns hier auf dem Boden der klassischen Kommunikations- und Rezipientenforschung. Schon Windahl und Signitzer[115] haben vier verschiedene Typen unterschieden:

▶ *Teilöffentlichkeiten,* die bei allen Themen aktiv kommunizieren,

▶ *Apathische Teilöffentlichkeiten,* die praktisch über kein Thema aktiv kommunizieren,

▶ *Teilöffentlichkeiten,* die nur über ein Thema oder über einen sehr begrenzten Themenbereich aktiv kommunizieren,

▶ *Teilöffentlichkeiten,* die nur über solche Themen aktiv kommunizieren, die praktisch die gesamte Bevölkerung betreffen.

---

115 Sven Windahl/Benno Signitzer/Jean T. Olson: Using Communication Theory. An Introduction to Planned Communication. London, Newbury Park, New Delhi 1993, S. 90 beziehen sich hier auf Dewey/Grunig/Hunt (1984).

Sie müssen sich also – wenn Sie im Internet auf sozialen Plattformen Menschen begegnen, deren Status ansehen: Handelt es sich um passive Rezipienten oder um aktiv Beitragende?

Dialog ist nicht gleich Dialog – seine Qualität und Wirkung erwachsen entscheidend aus dem Einfluss, den die betreffenden Akteure zu nehmen in der Lage sind. Für Unternehmen ist es wichtig, die für sie relevanten Akteure zu erkennen und gezielt zu aktivieren. Wenige starke Meinungsführer können für den Kommunikationserfolg wichtiger sein als eine große Gemeinde an passiven Zuhörern. Das war schon immer so und daran ändert sich durch die neuen Kanäle der Meinungsäußerung nichts. Früher wurde eben einem einflussreichen Journalisten besonderes Augenmerk beigemessen, heute ist ein online gut Vernetzter, dessen Blog womöglich viele Leser erreicht, von vergleichbarer Relevanz.

Soziale Plattformen kehren das Innerste nach außen

Immer häufiger werfen Arbeitgeber einen Blick auf das, was aktuelle oder zukünftige Arbeitnehmer online von sich geben. Rund 22 Prozent der Personal- und Einstellungsverantwortlichen scannten 2008 laut der US-amerikanischen Jobplattform „careerbuilder.com" vor einem Bewerbungsgespräch das digitale Profil des Bewerbers über Google und Co. Weitere neun Prozent wollen das in Zukunft tun. Einträge im Facebook können freilich auch den Job kosten, wie das Beispiel einer Schweizer Versicherungsangestellten zeigt. Sie war für einen Tag krank gemeldet; Migräne. Doch dann entdeckte ihr Arbeitgeber, dass die Frau im Facebook-Netzwerk unterwegs war – und kündigte ihr den Job. Begründung: Wer surfen kann, kann auch arbeiten.[116]

Klare Social Media-Regeln vorgeben

Die Social-Media-Mania hat eine interessante Diskussion ausgelöst, nämlich nach der Policy im Unternehmen. Dabei treffen zwei Denkschulen aufeinander. Die einen, die Regeln einführen und den Mitarbeitern Orientierung geben sollen, die anderen, die volle Freiheit im Netz propagieren. In den USA, wo die Entwicklung deutlich weiter ist als hierzulande, hat man bereits vieles ausprobiert. Während anfangs häufig totale Offenheit regierte, weil viele Firmen schlicht keine Regeln für das neuartige Medium aufgestellt hatten, schwingt das Pendel aktuell zurück.[117]

---

116 http://www.spiegel.de/netzwelt/web/0,1518,621185,00.html
117 Ben Schwan: Unternehmen in der Twitter-Falle, In: TAZ, 26. August 2009.

So hat die Presseagentur AP einen strengen „Social Media"-Verhaltenskodex in Kraft gesetzt, in dem unter anderem steht, dass ein AP-Mitarbeiter sich bei politischen Themen genauso zurückzuhalten habe wie bei aktuell besonders umstrittenen. Verlinken soll man mit Vorliebe eigene Angebote. Beim Finanzinformationsdienstleister Bloomberg wiederum befürchtet man, dass eine ungeschickte Twitter-Aussage das Image gefährden könnte. Auch hier soll man nur auf Quellen verweisen, die sorgfältig geprüft wurden, schließlich stehe ein Mitarbeiter für die ganze Firma. In Österreich haben viele Beamte in den Ministerien inzwischen überhaupt keinen Zugang mehr zu Facebook und Co.

Die öffentlich gemachten Streit- und Kündigungsfälle, die fast täglich durch die Gazetten geistern, zeigen eines deutlich: Unternehmen brauchen für ihre Mitarbeiter Richtlinien für den Umgang mit Web 2.0-Anwendungen. Es sind oft ganz einfache Dinge, die geregelt gehören: Darf ich als Mitarbeiter das Logo meines Arbeitgebers für meinen Eintrag verwenden? Was darf ich überhaupt nach außen tragen? Verantwortung, Höflichkeit, Authentizität sind Stichworte, die in Richtlinien für Social-Media-Aktivitäten gehören. Betriebsgeheimnisse zu wahren, schreibt normalerweise der Arbeitsvertrag vor, wenn nicht, dann gehört eine solche Bestimmung in die Richtlinien hinein.

Ein gutes Beispiel, wie es systematisch gemacht wird, sind die Web 2.0-Guidelines der Österreich-Werbung. Martin Schobert von der ÖW bringt es auf den Punkt: „Unsere Guidelines geben Sicherheit, das Richtige zu tun. Darauf lässt sich als einzelner Mitarbeiter leicht aufbauen. Da es immer Menschen und niemals anonyme Marken oder Unternehmen sind, die heute online kommunizieren, entwickelt sich daraus eine qualitativ hochwertige Kommunikation der touristischen Botschaften der Österreich-Werbung im Web."[118] Diese Handlungsanleitung wurde auch für Touristiker unter http://blog.austriatourism.com publiziert.

Gegen solche Regeln verwehrt sich die Internetgemeinde ganz vehement: Sie unterstellen den „Regulierern" Angst vor einem Kontrollverlust. Kritisiert wird von der Internetgemeinde auch der Versuch, die alten Regeln der Öffentlichkeitsarbeit ins neue Web 2.0-Zeitalter hinüberzuretten. Doch ohne solche Regeln können Unternehmen auf Dauer nicht auskommen, weil sie sich sonst selbst zerstören. Wer keine Regeln aufstellt, darf sich nicht wundern, wenn Dinge passieren, die ausgesprochen kontraproduktiv bis existenzgefährdend sind.

Für kein Unternehmen ist es lustig, wenn die eigenen Mitarbeiter über den Brötchengeber vom Leder ziehen. Das geht im Internet genauso wenig wie am Stamm-

---

118 http://www.tourismuszukunft.de/2009/12/thema-social-media-guidelines-im-tourismus-interview-mit-martin-schobert-von-der-oesterreich-werbung/

tisch. Wenngleich interessanterweise die Hemm- und Beißschwelle vor dem Computer niedriger ist als im Kreis von Freunden und Bekannten. Nur verbieten ist keine Lösung, denn damit geht kreatives Potenzial verloren: Je restriktiver die Regelungen, desto weniger wird sich jemand trauen, für das Unternehmen aktiv zu werden. Ob das immer positiv ist, kann bezweifelt werden. Denn wer sich nicht mehr äußert, kann ganz einfach in die innere Emigration gegangen sein. Und damit geht auch viel Kreativität und Engagement verloren. Viele Unternehmen und Organisationen überlegen, wie Sie den Umgang mit Social Media durch Mitarbeiter regulieren, nicht zuletzt deshalb, weil sie Probleme damit haben, wenn Mitarbeiter zu mitteilsam sind, wie das Handelsblatt schrieb. Solche Regeln lassen sich im Grunde auf fünf Felder reduzieren:

▶ Im Namen der Firma dürfen nur autorisierte Mitarbeiter twittern.

▶ „Offizielle" und „private" Beiträge müssen jeweils als solche gekennzeichnet werden.

▶ Die Policy sollte Richtlinien enthalten, welche Inhalte jeweils zulässig sind.

▶ Mögliche Konsequenzen bei Verstößen müssen im Vorfeld aufgezeigt werden.

▶ Verstöße gegen die Policy sollten nicht ignoriert werden.

Ohne Regeln geht es nicht, wobei diese keine Ansammlung von Verboten sein sollten, und diese Regeln sollten auch alle paar Monate wieder in Erinnerung gebracht werden. Damit sie allgemein akzeptiert werden, sollten sie gemeinsam mit der Arbeitnehmervertretung im Betrieb erarbeitet werden. Das erhöht das Erinnerungsvermögen und die Akzeptanz.

Einfach abdrehen funktioniert nur bedingt. Als einige österreichische Ministerien Facebook und Co. im Dienst verbaten, haben die Beamten dafür umso mehr von ihrem Job in der Freizeit Preis gegeben. Und das war durchaus nicht nur schmeichelhaft. In Großbritannien sorgte eine 2008 herausgegebene Dienstanweisung für Häme, in der Kabinettsminister Tom Watson verfügte, Staatsdiener dürften nur noch „nett" über den Staatsapparat schreiben, was der Weblog namens „Civil Serf" ganz und gar nicht tat. Dort wurde detailgenau über Inkompetenz und bürokratische Auswüchse referiert. Tatsächlich wurde kurz nach dem ministeriellen Ukas der Blog eingestellt. Gespannt darf man sein, wie sich die Fußballstars von Manchester United verhalten werden, denen Anfang des Jahres 2010 ein Facebook-Maulkorb umgehängt wurde und wie lange das Schweigen im Web-Walde anhalten wird.

Vertrauen ist ein zentrales Element der sozialen Medien. Egal ob Konsumverhalten, politische Meinungsbildung oder gesellschaftliche Akzeptanz, stets spielt das Vertrauen in Institutionen sowie politische und wirtschaftliche Führung eine wesentliche Rolle.

4.4 Facebook & Co.: Freundschaften im Netz pflegen und aufbauen

Bewertung

Unternehmen		Medium	
Bedeutung	O	Bedeutung	O
Aufwand/Praktikabilität	O	Aufwand/Praktikabilität	+
Dialogorientierung	++	Dialogorientierung	O
Zukunftsentwicklung	–	Zukunftsentwicklung	O
Online-Tauglichkeit	++	Online-Tauglichkeit	++

Das Bedürfnis, andere am eigenen privaten oder beruflichen Leben teilnehmen zu lassen, scheint riesig zu sein. Anders lassen sich die explodierenden Nutzerzahlen der sozialen Plattformen nicht erklären. Das Meiste, was über Facebook & Co. verbreitet wird, ist von einer Qualität, wie sie Kabarettist Michael Niawarani[119] beschreibt und damit Hunderttausende, die sein YouTube-Video gesehen haben, zum Lachen gebracht hat.

Allerdings hat Facebook auch eine andere Seite, die für Unternehmen durchaus interessant sein könnte. Grundsätzlich gibt es drei Möglichkeiten, sich zu präsentieren:

1. *Über Profile:* Dafür wurde Facebook ursprünglich erfunden. Dahinter verbergen sich meist echte Menschen, die dort mehr oder weniger aussagekräftige Informationen über die eigene Person einstellen.

2. *Über Gruppen:* Sie sind dafür gedacht, gleiche Interessen, Hobbys oder Überzeugungen zum Ausdruck zu bringen.

3. *Über Fan-Seiten:* Sie ähneln äußerlich Profilen, bieten jedoch andere Funktionen. Sie sind für Unternehmen, Celebrities oder Organisationen geeignet.

---

119 http://www.wikio.de/video/niavarani-uber-facebook-1863368

Im Frühjahr 2010 hat Facebook eine vierte Möglichkeit der Darstellung eröffnet, nämlich über Communities, die „Markenmanager nervös machen" sollten, wie das ein Blogger formulierte.[120] Die vierte Zugangsmöglichkeit zu Facebook funktioniert ähnlich einem Wiki, Inhalte können also von jedermann geändert werden: „Facebook Communities is truly a step in the ‚social-conversation' direction for, where as brands will no longer be able to control a flow of content and sentiment." Während auf Fanseiten Administratoren festgelegt sind, die aktiv eingreifen und auch Löschungen vornehmen können, wird bei der Community jedermann, der etwas beitragen will, selbst zum Administrator. Das wird ein weiterer Schritt in Richtung eines echten Diskurses ohne wirklichen Einfluss des Unternehmens, über das diskutiert wird. Wie sich dieses neue Angebot durchsetzen wird, wird interessant zu beobachten sein.

Jeder dritte Facebook-Nutzer hat bereits ein Marken-Profil oder eine Marken-Fanseite besucht, 27 Prozent sind „Fans" geworden und 21 Prozent einer Marken-Gruppe beigetreten. Das ist das Ergebnis des Schweizer Marktforschungsinstitutes Innofakt.[121] Die Motivation, „Fan" einer Marke oder Gruppenmitglied zu werden, liegt laut dieser Befragung hauptsächlich in der Absicht, die Sympathie zu bestimmten Marken und Produkten öffentlich zum Ausdruck zu bringen, um Zugang zu konkreten Informationen, wie z.B. Events oder Jobs zu erhalten oder um Unterstützung zu leisten.

Facebook verlangt nach interaktiven Inhalten

Erfolgreich kommunizieren Marken mit Facebook-Nutzern vor allem, wenn sie interaktive Inhalte zur Verfügung stellen, die unterhaltend sind und informieren. Games/Quize und Gewinnspiele/Contests, die einen Bezug zu Marke oder Unternehmen haben, wurden bereits von 19 Prozent bzw. 15 Prozent der Facebooker genutzt. Interesse an solchen Anwendungen haben 34 Prozent von ihnen. Bereits 18 Prozent haben Informationen zu Produkten oder Marken über Statusmeldungen von Freunden erhalten (z.B. über Preisaktionen, exklusive Angebote, Events) und jeder Zehnte hat solche Informationen an Freunde weiterempfohlen.

Auch der crossmediale Effekt, der durch Markenkommunikation auf Facebook erzeugt wird, ist beachtlich: 48 Prozent der Nutzer sind Marken von Unternehmen, mit denen sie auf Facebook Kontakt hatten, auch schon in anderen Medien (z.B. TV, Radio) bzw. auf anderen Websites stärker aufgefallen. Der Kontakt mit einer Marke auf Facebook konnte bei 43 Prozent der Nutzer das Image dieser Marke posi-

120 http://technorati.com/business/gurus/article/brand-managers-beware-of-facebook-communities/
121 http://www.markus-arlt.de/facebook-27-sind-bereits-fan-einer-marke-6673.html

tiv beeinflussen; bei 25 Prozent der Nutzer haben solche Erfahrungen jedoch auch schon zu einer Verschlechterung des Markenimages geführt. Auch das Kaufverhalten der User wird durch die Facebook-Nutzung bereits aktiv beeinflusst. So geben knapp 40 Prozent der von Innofakt Befragten an, einen Kauf oder Nichtkauf von Empfehlungen bzw. Kritiken von Freunden auf Facebook abhängig gemacht zu haben.

Facebook ist Marktleader und steht hier stellvertretend für andere soziale Plattformen wie StudiVZ, SchülerVZ, MySpace, Xing, LinkedIn und viele andere. Xing ist für Unternehmen wohl die interessanteste Plattform, insbesondere was das Recruiting und die Präsentation der Marke in einem professionellen – B2B –Umfeld betrifft. Gruppen sind hier für beinahe jede Kategorie vorhanden, eine branchenspezifische Auswahl ist möglich. Welche Plattform Sie nutzen, hängt davon ab, welche Zielgruppe Sie ansprechen möchten. Sie müssen einfach schauen, wo sich Ihre Dialogpartner im Netz bewegen.

Es ist nicht gesagt, dass Facebook oder Twitter in einigen Jahren noch eine Bedeutung haben werden. Wahrscheinlich ist das zwar, falls aber nicht, werden sie durch andere Dienste abgelöst sein, die noch mehr Möglichkeiten der Vernetzung bieten und ganz sicher alle crossmedialen Zugänge weiter ausbauen werden. Eine Umkehrung der Prozesse wird es sicher nicht geben. Dazu ist der Wunsch, besonders aktiver Kommunikatoren, sich auszutauschen, einfach zu groß.

Abbildung 31: Facebook Fanseite

© 2010 CROSSMEDIALE PRESSEARBEIT
Quelle: Vive le Käse

Vive le Käse (http://www.facebook.com/pages/Vive-le-Kase/200207134656) ist eine Fanseite für Käseliebhaber. Hier werden Freunde des französischen Käses angesprochen. Es gibt Rezepte, ein Käse ABC, Übersichten von Fachhändlern, Seminaren und Kochkursen.

Die international tätige Kaffeerösterei Starbucks[122] mit den dazugehörigen Kaffeehäusern ist vor allem auf Facebook und bei Twitter aktiv. Mehr als 4,5 Millionen Facebook-User gehören zu den Starbucks-Fans und damit ist der Kaffeehersteller eine der beliebtesten Marken der Online-Community. Bei der Kampagne im Mai 2009 setzte Starbucks verstärkt auf Social Media. So konnten sich Facebook-Mitglieder aus den USA über kostenlose Eiscreme freuen.

Media Saturn[123] hat als eines der ersten Unternehmen in Europa den „Web-Weg" im Personalgeschäft eingeschlagen. Die Media-Saturn-Unternehmensgruppe verstärkt aktuell die Präsenz in sozialen Netzwerken wie Facebook, Linkedin oder Xing und setzt damit auf eine neue Art der Personalpolitik. Die Firmengruppe

---

122 http://www.facebook.com/starbucks
123 http://www.saturn.at/red/?page_id=12

bedient sich beispielsweise beim Rekrutieren von Studenten und künftigen Mitarbeitern des Web 2.0. Über soziale Netzwerke erreicht Media-Saturn die gewünschte Zielgruppe: junge Männer und Frauen zwischen 17 und 25 Jahren auf der ganzen Welt. 2009 richtete Media-Saturn eine Fan-Seite auf Facebook ein und konnte bereits nach einem halben Jahr über Tausend Fans verzeichnen.

Der Wintersportort Sölden[124] in Tirol ist seit Jahren für seine außerordentliche Innovationsfreudigkeit in Bezug auf das World Wide Web bekannt. Neben einer anspruchsvollen Website präsentiert sich Sölden mittlerweile auch durch einen Sölden-Blog, Sölden-TV und die Sölden-Community. Andere Topdestinationen haben das inzwischen nachgemacht. Die Domain www.soelden.com verzeichnet täglich ca. 17.000 Besucher, an den Tagen rund um das Weltcup-Opening erreicht das Online-Portal bis zu 29.000 Menschen. Im Blog bekommt man neben aktuellen Eindrücken des Winters allerlei Informationen über das Ötztal und die Bergbahnen bzw. die bevorstehende Ski-Saison geboten. Natürlich dürfen auch Beiträge über verschiedene Events, Aprés Skis und das Nightlife nicht fehlen.

www.Projektwerk.de nutzt Facebook als Plattform für die Jobvermittlung. Unternehmer und Dienstleister suchen hier Mitarbeiter. Vor allem IT-Fachleute sind sehr gefragt. Umgekehrt suchen auf diesem Weg auch viele Fans einen Job.

4.5 Twitter: mit Kurzbotschaften Kunden und Medien informieren

Bewertung

Unternehmen		Medium	
Bedeutung	–	Bedeutung	0
Aufwand/Praktikabilität	+	Aufwand/Praktikabilität	+
Dialogorientierung	+	Dialogorientierung	+
Zukunftsentwicklung	+	Zukunftsentwicklung	+
Online-Tauglichkeit	++	Online-Tauglichkeit	++

Twitter hat in der letzten Zeit viel Publizität erhalten. Sei es, weil irgendwelche Stars jeden ihrer Schritte der Welt in Echtzeit mitteilen möchten, weil Schriftführern in der deutschen Bundesversammlung bei der Wahl des Bundespräsidenten schrecklich langweilig war und deshalb einige Minuten vor der offiziellen Verlaut-

---

124 www.soelden.com

barung der Wiederwahl von Dr. Horst Köhler der Welt mitteilten, was sie ohnedies gleich wissen würde oder vermeintliche Ex-Freunde des Amokläufers von Winnenden Stories verbreiteten, denen dann die Medien auf den Leim gingen.

2009 hat sich der Microblog weltweit auf Platz 37 des Siterankings hochgearbeitet – mit enormen Wachstumsraten vor allem in Deutschland und Österreich. „Die Presse" erklärte Twitter zum Internetaufsteiger des Jahres.[125] Die Kurzbotschaften seien wie gemacht für Marketingzwecke. Immerhin könne man damit sechs Millionen Menschen erreichen, die monatlich die Plattform besuchen. Kein Wunder, dass auch die Zahl der Diskussionsgruppen riesig ist, die sich über das Thema insbesondere unter dem Aspekt der Nutzungsmöglichkeiten in der Kommunikation von Unternehmen austauschen.[126]

In der Tat nutzen immer mehr Unternehmen den Mikro-Blog als Kommunikationstool zum raschen Informationstransfer. Dafür wurde Twitter auch geschaffen. Unter dem Motto „What are you doing?" erzählen die Twitter-Mitglieder der Welt, was sie bewegt. Maximal 140 Zeichen stehen ihnen dabei für jeden Eintrag zur Verfügung. „Nicht gerade viel Platz, um zu beschreiben, was man gerade macht. Aber genau das ist der Sinn von Twitter: eine schnelle und vor allem unkomplizierte Kommunikation und der Aufbau eines großen sozialen Netzwerkes", schreibt Mirjam Greilich[127] von der ARD.

Wer bereits einige Twitter-Nutzer kennt, kann deren Nachrichten mit einem Klick auf „follow" abonnieren. Auf der eigenen Twitter-Startseite, die echte Freaks natürlich immer offen haben, laufen dann alle abonnierten Nachrichten zusammen. Mit ein bisschen Eigeninitiative weitet sich der Twitter-Bekanntenkreis schnell aus und den eigenen Informationsergüssen folgen plötzlich Nutzer, die man noch nie in seinem Leben gesehen oder gehört hat. Oder auch solche, bei denen Sie nie gedacht hätten, dass sie offenbar viel Zeit damit verbringen, online zu kommunizieren. Auf diese Weise lassen sich interessante Kontakte knüpfen – nicht nur privater Natur. Auch interessante Businesskontakte kann man via Twitter herstellen. Allerdings mit dem Nachteil, dass man nie so genau weiß, wer gerade unter den „Verfolgern" ist.

Spätestens seit dem Wahlkampf von US-Präsident Barack Obama wird über Sinn oder Unsinn von Twitter als PR-Instrument auch hierzulande diskutiert. Die Versuche der deutschen Bundestagsparteien, Twitter zu adaptieren, bezeichnet Mirjam Greilich als „vollkommen hilflos. Fehlendes Vertrauen in der Zielgruppe

---

125 Sara Gross: Das fette 140-Zeichen-Geschäft. In: Die Presse, 13. Dezember 2009, S. 14.
126 www.horizontpeople.de
127 Mirjam Greilich: Das Kommunikationstool Twitter. Ein Leben in 140 Zeichen: http://www.ard.de/-/id=887380/11sgnoj/index.html

junger Wähler lässt sich nicht dadurch zurückgewinnen, dass man US-amerikanische Kampagnen kopiert. Bei Obama hat es funktioniert, weil das Publikum ihn und seine Botschaften wollte. Nicht umgekehrt!"

Zu den Studentenstreiks in Österreich Ende 2009 schrieb die Kronenzeitung[128] auf der Titelseite: „Twitter & Facebook geben Protest-Tempo vor. Politik hält mit Jungen nicht Schritt." Die „Audimaxisten" hatten ihre eigene Informationsinfrastruktur aufgebaut. Die Medien haben sehr schnell versucht, in diesen Informationsfluss hineinzukommen. Die Politiker taten das nicht (oder zu spät). Was Ihnen die auflagenstarke österreichische Kronenzeitung als „Schlafwagen-Politik" auslegte. Nun ist (Studenten)Politik nicht Unternehmenspolitik. Aber es wäre geradezu sträflich, sich nicht rechtzeitig mit dieser neuen Kommunikationskultur auseinanderzusetzen. Oder wollen Sie sich einmal vorwerfen lassen, Sie hätten die Entwicklung verschlafen?

Mehr als die Hälfte der DAX-Unternehmen sind im „Twitterversum" unterwegs. Manche mit vielen Nutzern (weil sie eben Nutzen stiften), andere mit dürftigen Raten an „Followern", wie die regelmäßigen Leser genannt werden.[129]

---

128 Kronenzeitung, 8. November 2009, S. 1-3.
129 Die nachstehende Grafik wurde von der Frankfurter Allgemeinen am 7. Dezember 2009 publiziert: http://faz-community.faz.net/blogs/netzkonom/archive/2009/12/07/unternehmen-bauen-engagement-in-sozialen-medien-aus.aspx

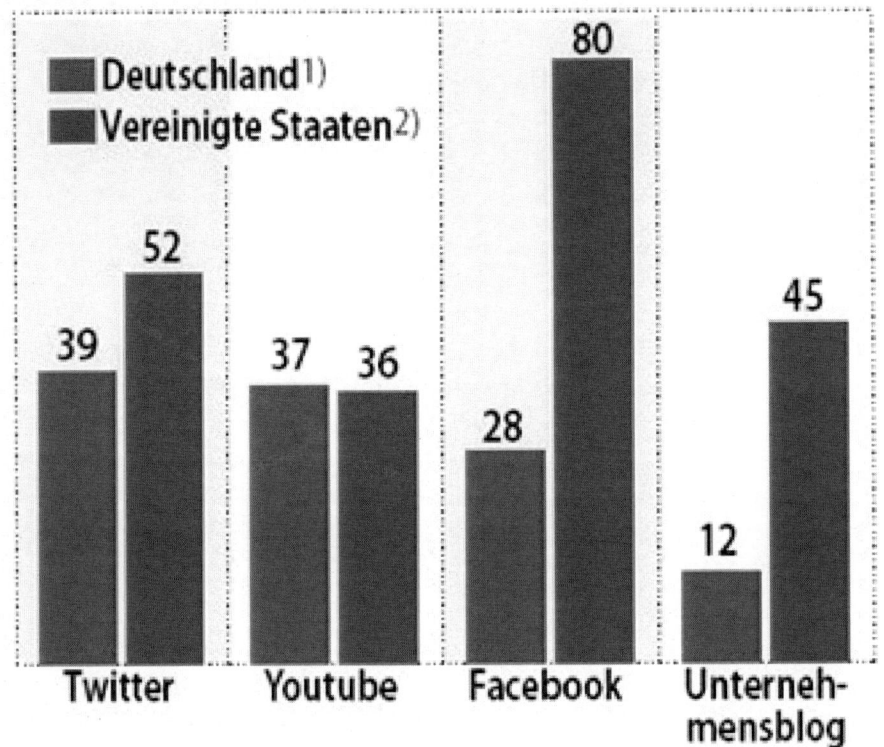

Angaben in Prozent

Deutschland1)
Vereinigte Staaten2)

Twitter: Deutschland 39, Vereinigte Staaten 52
Youtube: Deutschland 37, Vereinigte Staaten 36
Facebook: Deutschland 28, Vereinigte Staaten 80
Unternehmensblog: Deutschland 12, Vereinigte Staaten 45

© 2010 CROSSMEDIALE PRESSEARBEIT

Unter www.twitter.com/business wurde eine Informationsseite eingerichtet, die Erfolgsstories aufzeigt und gute Gründe für Unternehmen nennt, sich am Kurznachrichten-Hype zu beteiligen. Firmen sollten den Usern einen Nutzen bieten, etwa Feedback zu Produkten einholen, auf Reklamationen und Kritik eingehen oder Einsicht in die Produktentwicklung geben, sind sich die Beobachter einig.[130] Twitter sei mit positiven Auswirkungen für die Kundenbindung, jedoch auch mit einigen Risiken verbunden, schreibt die „Absatzwirtschaft"[131]. Dieser Verlust an Kontrolle ist es auch, der viele Unternehmen noch zurückschrecken lässt.

---

130 Business Kurier, 5. November 2009, S. 12
131 Unternehmen nehmen Twitter langsam als Kommunikationsmittel ernst. In: www.absatzwirtschaft. de, 17. September 2009.

Denn wie bei allen Social Media-Geschichten ist auch hier das Problem, dass kontraproduktive Rückmeldungen auf gut gemeinte Aktionen kommen können. Das prmagazin zitiert Julia Angwin vom Wall Street Journal[132], die über soziale Netze allgemein meinte, sie seien „autoritäre Regimes mit skurrilen und oft willkürlichen Regeln." Das gilt wohl auch für Twitter. Da wird die Kurznachricht als „Kanarienvogel im Bergwerk der öffentlichen Meinung" bezeichnet. Ähnlich wie die Vögel, die einst als Frühwarnsystem gegen giftige Gase von den Kumpels mit unter Tage genommen wurden, schlägt Twitter schnell Alarm. Um einen „Buzz" (das ist umgangssprachlich für hohes Online Gesprächsvolumen) kreieren zu können, müsse da schon sehr viel Kreativität hineingelegt werden.

Beim Zwitschern sind auch rechtliche Fragen zu beachten:[133] Wenn Sie als Unternehmen einen Twitter-Account anlegen, müssen Sie neben einem Klarnamen (der korrekt sein sollte) auch einen Account-Namen angeben. Dieser kann später nicht mehr verändert werden, da er nach dem Muster www.twitter.com/Account-Name die Adresse bestimmt, unter der das eigene Twitterprofil erreichbar ist. Bei der Wahl des Namens sind fremde Marken- und Namensrechte zu beachten – die Situation ist rechtlich vergleichbar mit der im Domain-Recht. Wer eine fremde geschützte Marke oder einen fremden Namen als Account-Namen registriert, riskiert eine Abmahnung und die damit verbundenen Anwaltskosten. Darüber hinaus kann eine solche Aktion zu negativer PR führen und macht ein Re-Branding des eigenen Twitter-Auftritts notwendig. Noch mühseliger wird es, wenn der unzulässige Account-Name im Sinne einer „Corporate Identity" auch für andere Profile im Web 2.0 wie beispielsweise einen Facebook-Auftritt gewählt worden ist. Rechtlich zu beachten sind auch das Urheberrecht (im Zusammenhang mit der Veröffentlichung von Bildern) und das Medienrecht (hinsichtlich des Impressums).

Auch kleinere Unternehmen können Verfolger gewinnen

Aller Probleme zum Trotz nutzen immer mehr Unternehmen Twitter für ihre Öffentlichkeitsarbeit. Funktionieren kann Twitter zum Beispiel sehr gut als Kanal für das Eventmarketing. Musikevents oder Sportveranstaltungen lassen sich vor allem in der Zielgruppe besonders aktiver Teilnehmer (also Fans und damit Multiplikatoren) ankündigen und popularisieren. Das tun beispielsweise Tourismusregionen und Hotels sehr gerne. Potenziellen Verwendungsmöglichkeiten sind aber buchstäblich keine irdischen Grenzen gesetzt. Das bewies die US Air Force, die

---

132 Die Suche nach dem Buzz. In: Prmagazin 7/2009, S. 56
133 Simon Hülsbömer: Unternehmen entdecken das Microblogging. In: http://www.computerwoche.de/management/compliance-recht/1905061/

sich auf diesem Weg über den schlechten Zustand des Satellitennavigationssystems GPS äußerte.

Großkonzerne wie Lufthansa oder Deutsche Bahn informieren Follower über Flugverbindungen, Sonderangebote, Verspätungen oder Stellenausschreibungen. Daimler nutzt Twitter für Personal- und Pressekontakte, aber auch im Bereich Business Innovation. Ziel ist es, junge Leute zu erreichen. Und Vodafone screent alle Nachrichten, um zu lesen, was Kunden über den Service denken. Bei Beschwerden antwortet die Presseabteilung und bietet Hilfe an.

Die Hälfte der deutschen Dax-Unternehmen twittert, doch was sie dort bieten, sei eher dürftig, schreibt Laura Gitschier in der Süddeutschen Zeitung.[134] Wie es im großen Stil geht, zeigt der amerikanische Computerkonzern Dell: Via Twitter verkündet Dell aktuelle Angebote, twittert technische Informationen oder kommuniziert direkt mit seinen Kunden – und das sehr erfolgreich. Eineinhalb Millionen Nutzer haben den Kurzbotschaftenstrom abonniert. Ein hundertköpfiges Team bearbeitet die 34 Twitter-Konten von Dell. Damit wurden bis Jahresende 2009 zwar nur 6,5 Millionen Euro Umsatz gemacht, allerdings sind die Zuwächse sehr beeindruckend.

Auch Amazon ist dazu übergegangen, seine Kick-off-Angebote für das Weihnachtsgeschäft über Twitter zu verbreiten.

Interessant ist Twitter aus meiner Sicht aber auch und besonders für kleine Unternehmen, weil sie mit Geduld und Engagement eine Follower-Gemeinde aufbauen können, die laufend über Aktionen, Neuigkeiten, Angebote oder auch Produktentwicklungen informiert werden können. Die „Absatzwirtschaft" zitiert das Beispiel eines kleinen Saftherstellers, der es mit Nachrichten über Inhaltsstoffe der Säfte, Rabattaktionen aber auch privatem Gezwitscher zu einer stattlichen Fangemeinde gebracht hat. Mit einem wesentlichen Vorteil. „In der Lebensmittelbranche ist Vertrauen besonders wichtig. Die Kunden sollen über Twitter erfahren, dass sie es mit einem Menschen zu tun haben. Dem vertrauen sie mehr als einer Firma. Schließlich wird Twitter häufig als Drehscheibe genutzt, um auf Kundenfragen in Echtzeit zu reagieren.

Ein weiteres positives Momentum am Twittern für berufliche Zwecke: Twitter-Beiträge werden bei Google oft hoch gelistet, daher kann man durch gezieltes Twittern über berufliche Tätigkeiten positiven Einfluss auf seine eigene Online-Reputation nehmen.

---

134 http://www.sueddeutsche.de/wirtschaft/67/489454/text/

Mathias Priebe[135] bringt die Möglichkeiten auf den Punkt: „Twitter ist zweifellos ein interessantes Kommunikationsinstrument vor allem in klar umrissenen Zielgruppen. Attribute wie ‚jung' und ‚besonders internetaffin' werden die Twitternutzer wohl noch einige Zeit beschreiben. Wenn Sie selbst mit ‚Hashtags' oder ‚Tweets' nichts anfangen können, wird der Versuch einer erfolgreichen Twitterkampagne eher scheitern."

Twitter-Nachrichten funktionieren nur in dem Maße, wie Menschen auch bereit sind, diese zu empfangen, also Themen oder Absender abonnieren und diese selbst weiter zu diskutieren. Der Erfolg der Plattform liegt geradezu in der unabhängigen und lockeren Verbindung von Gruppen, sogenannten Communitys, die sich nicht so einfach mit Botschaften „zutexten" lassen. In der Kommunikation von Unternehmen und Journalisten ergibt die Nutzung von Twitter dann Sinn, wenn ein großes Interesse seitens der Medien gegeben ist. Das betrifft Branchenleader und Fachmedien ebenso wie wichtige Arbeitgeber oder Leitbetriebe einer Region und Lokaljournalisten in besonderem Maße.

Das Problem, mit dem sich viele Unternehmen nicht abfinden können und wollen bzw. das sie in ihren bisherigen Kommunikationsgewohnheiten schlicht überfordert, liegt im Bruch mit den herkömmlichen Kommunikationsstrukturen. Was damit gemeint ist, hat der Berliner Autor und Verleger Gregor Koall in einer Satire in Form eines fiktiven aber durchaus sehr realistischen E-Mail-Verkehrs beschrieben:[136] Da wird der erste Tweet (der „im Zuge der neuen Social Media Strategie unseren Unternehmens und als direkte Konsequenz unseres Workshops vom letzten Mai" verfasst wird) so lange im Kreis geschickt, dass die Follower erst am Montag gegen 15 Uhr die besten Wünsche zum Wochenende übermittelt bekommen. Vorher äußern sich die Leitung der Ausgangsabteilung, ein wichtiger, unbedingt gefragt werden wollender Manager („Es interessiert hier nicht, was im Internet normal oder nicht normal ist"), der Pressesprecher („Geht in Ordnung") sowie die permanent im Konferenzraum tagende Geschäftsleitung („Freigegeben, Twitter müssen Sie mir aber noch mal erklären") die Botschaft absegnen müssen. Schließlich will der zuständige mittlere Manager auch noch die Tweets der nächsten 14 Tage in eine Excel-Tabelle eingetragen wissen, damit diese en bloc freigegeben werden können. „Dann haben wir mehr Planungssicherheit."

Der „Trendopfer"-Beitrag fand bei Twitter und anderswo auch deshalb so viel Verbreitung, weil gerade zahlreiche Unternehmen damit kämpfen, wie sie mit dem

---

135 Mathias Pribe: Twitter als Instrument der Pressearbeit: http://www.vnr.de/b2b/kommunikation/pressearbeit/Twitter+in+der+Pressearbeit.html

136 Der Verleger Gregor Koall hat seine Realsatire unter http://www.trendopfer.de/wahrheit/2009/08/wenn-unternehmen-twittern/ publiziert.

Kurznachrichtendienst umzugehen haben, weiß die TAZ: „Soll es eher kumpelhaft sein, wie die Kundschaft angesprochen wird, oder eher im Verlautbarungsstil, allein mit Hinweisen auf die jüngste Medienmitteilung? Will man der Twitter-Community als Support-Ansprechpartner zur Verfügung stehen, wie das etwa amerikanische Fluglinien tun? Und soll man sich aktiv am ständig laufenden Dialog der Twitter-Sphäre beteiligen, oder eher ab und zu mitmachen? Folgt man allen Twitterern, die einem folgen – und welche Etikette ist einzuhalten? Fragen über Fragen, und das schließt den inneren Managementdialog eines Unternehmens noch gar nicht mit ein", schreibt Ben Schwan in der TAZ.[137]

Journalisten selektieren nach Qualität der Nachricht

Ob Medien und Multiplikatoren sich an die Tweets eines Unternehmens hängen, ist eine Frage der Relevanz der gebotenen Mehrwerte und der Qualität der Nachrichten und Inhalte. Der Dialog mit den Kunden oder die täglichen Sonderangebote eines Unternehmens interessieren sie für ihre Arbeit nicht. Stattdessen gilt es für die Unternehmen, ihre Multiplikatoren auf Twitter gezielt mit den für sie relevanten Informationen zu versorgen. Ein Presse-Stream, der ihnen ausschließlich relevante News und Updates liefert, kann durchaus erfolgreich sein.

➕ BEISPIELE AUS DER PRAXIS:

Mit täglich knapp 200.000 beförderten Fluggästen zählt die deutsche Lufthansa zu den größten Unternehmen in der zivilen Luftfahrtbranche. Auch die Verantwortlichen dieses Konzerns machen sich Gedanken rund um die Nutzbarkeit der sozialen Netzwerke. Der Twitter-Kanal[138] wird vor allem dazu genutzt, um etwa zweimal pro Werktag über attraktive Flugangebote zu informieren. Zusätzlich erhalten die mehr als 20.000 Follower Informationen zu Boardmenüs, Bonusmeilen und Gewinnspielen. Auf der von der Lufthansa selbst kreierten Website MySkyStatus können Reisende ihre Lieben zu Hause auf dem Laufenden halten, während sie durch die Welt fliegen. Bei 99 Prozent aller weltweiten Flüge ist es mit dem kostenlosen Tool möglich, Informationen über Abflug, Flughöhe, Position und Ankunft an Facebook- (Statusmeldung) und Twitter-Accounts (Tweet) zu senden. Freunde und Follower können an Flügen daher live teilhaben und wissen genau, wo sich jemand zu einer bestimmten Zeit befindet.

Der Online-Schuhladen Zappos wird in Blogs und Fachzeitschriften häufig als Paradebeispiel für die Nutzung von Twitter genannt. Der junge CEO Tony Hsieh

---

137 http://www.taz.de/1/netz/artikel/1/unternehmen-in-der-twitter-falle/
138 http://www.lufthansa.com/online/portal/lh/de/info_and_services/partner?nodeid=2667661&l=de&cid=18002

nähert sich der Millionengrenze an Followern, die die sehr privat anmutenden Markenbotschaften laufend lesen. Hsieh erzählt von privaten Begebenheiten, wie dem Taxifahrer, der ihm auf halbem Weg zum Ziel in Hongkong erklärte, er habe keine Lust weiterzufahren („Gut, dass er kein Pilot ist") und weisen Sprüchen, die ihm gefallen. Dazwischen finden sich aber auch ganz banale Aufrufe, Gutscheine für Schuhe zu kaufen.

SPAR Österreich[139] experimentiert mit Twitter, weil nach eigenen Angaben Twitter relativ problemlos und mit wenig Zeitaufwand eingerichtet und zudem kostenlos betrieben werden kann. Ende 2009 nahmen allerdings auch nur relativ bescheidene knapp 500 Follower Anteil an den Informationen, die direkt aus der SPAR-Zentrale (Salzburg) „gezwitschert" werden. Die Inhalte sind vielfältig: Kernaussagen aus Pressemeldungen, Kurzumfragen, Ankündigungen zu Aktionsangeboten oder kurze Antworten für Lob und Anregungen von der Nutzerseite.

4.6 Weblogs: Tagebücher mit mehr oder weniger Tiefgang

Bewertung

Unternehmen		Medium	
Bedeutung	O	Bedeutung	+
Aufwand/Praktikabilität	–	Aufwand/Praktikabilität	+
Dialogorientierung	++	Dialogorientierung	+
Zukunftsentwicklung	+	Zukunftsentwicklung	+
Online-Tauglichkeit	++	Online-Tauglichkeit	++

Es ist noch nicht sehr lange her, da wurden Weblogs noch als „Internet-Tagebücher" verniedlicht, heute haben sie vielfach die Funktion von Online-Magazinen übernommen. Die Weblogs, die für Unternehmen besonders interessant sind, werden von Menschen mit einer hohen Fachkenntnis in einem bestimmten Bereich geschrieben. Sie haben meist nicht nur den Status eines Brancheninsiders, sondern sind häufig auch noch höchst engagiert. Dieses engagierte Expertenwissen lockt Interessenten als Leser und Diskutanten an, sodass sich gute Blogs zu einer Art interaktivem Fachmagazin entwickeln. Richtig ist aber auch, dass die meisten Blogs

139 http://twitter.com/SPARoesterreich.

sich auf die Meinungsartikulation zentrieren und nicht auf Themensetzung.[140] Diese Funktion wird nach wie vor der „etablierten Publizistik" attestiert.

Die ersten Logbücher im Internet entstanden in den Neunzigerjahren, gestaltet von IT-Spezialisten, die darin über ihre Arbeit und ihr Privatleben berichteten. Besucher des Logs kommentierten und ergänzten die Kommentare. Heute sind es längst nicht mehr nur die EDV-Tüftler, die sich so austauschen. Kein Mensch kann wirklich genau sagen, wie viele aktive Blogs es gibt. Geschätzt sind es in Deutschland 900.000, wobei sich in letzter Zeit eine Stagnation abgezeichnet hat. Alle, die sich artikulieren können und wollen, haben offenbar schon ihre Spielwiese im Netz gefunden. Fakt ist, dass es zu fast jedem Thema jemanden gibt, der sich mitteilen will und Gleichgesinnte findet, die sich mit ihm austauschen. Alleine zum Thema PR gibt es alles in allem rund eine halbe Million Blogs weltweit! Dass das kein Mensch mehr wirklich alles lesen kann, liegt auf der Hand. Es kommt, wie das Gerald Gross formuliert, zur „totalen Bloggade", er zitiert Geert Lovink, einen niederländischen Internet-Theoretiker, der Blogs als „dekadente Artefakte" bezeichnet, die den Schritt von der Wahrheit ins Nichts wagen. Wie alle Vertreter der klassischen Medien ist auch Gross überzeugt, dass im Internet vorrangig nur Unfug verbreitet wird („Schrift gewordener Schrott")[141]. Das stimmt freilich genau so wenig, wie das Gegenteil, dass nämlich alle Journalisten und alle Medien nur Kluges, Durchdachtes und Qualitätvolles verbreiten würden.

Natürlich ist sehr vieles von dem, was Blogger von sich geben, tatsächlich schlecht geschriebener, schlecht recherchierter und oft auch sehr einseitiger Unfug. Es gibt aber auch das Gegenteil davon, nämlich sehr engagierte und sachlich kompetente Einlassungen. Genau das, was den Sinn des Blogs ausmacht, nämlich „Expertise, Leidenschaft und Kopf zu zeigen".[142] Dies wird inzwischen auch belohnt. Auf der Cebit 2008 in Hannover wurden erstmals Blogger als Presse zugelassen, ein Jahr später stand im Akkreditierungsformular in der Rubrik Medium „Blog".

Die meisten Blogs sprechen einen engen Leserkreis an, die haben aber dafür in der Regel ein sehr hohes Interesse an genau diesem spezifischen Blog, weil das eigene Interesse punktgenau abgedeckt wird. Blogger werden durchaus auch kritisch gesehen, weil sie aus dem Bedürfnis heraus erwachsen sind, die Selbstdarstellung zu pflegen und „vor kaum einer Dummheit halt" machen.[143]

---

140 Mark Eisenegger: Blogomanie und Blogophobie – Organisationskommunikation im Sog technizistischer Argumentationen. In: Caja Thimm/Stefan Wehmeier (Hrsg.): Organisationskommunikation online. Grundlagen, Praxis, Empirie. Frankfurt am Main 2008, S. 49.

141 Gross (2008), S. 94.

142 Schulz-Bruhdoel/Bechtel (2009), S. 95.

143 Schulz-Bruhdoel/Bechtel (2009), S. 63.

Diese „Ich-Verleger" können für die Unternehmens-PR durchaus interessant sein. Das Mindeste ist, genau zu beobachten, was in dieser unzensierten „Blogosphäre"[144] so geschrieben wird. Machen Sie sich einfach den Spaß und geben Sie in Ihrer Suchmaschine den Begriff „Blog" und dazu das Thema an, das Sie interessiert oder einfach nur den Namen Ihres Unternehmens bei den Google Alerts in der Rubrik Blogs.

Die meisten Blogs werden von einem einzelnen Autor betreut, der alle Beiträge schreibt. Gelegentlich werden Gastautoren eingeladen; einige wenige Weblogs werden von mehrköpfigen Redaktionen betreut. Unter dem Motto „Andere blocken, wir bloggen"[145] schreiben auch ungezählte Redakteure ihre eigenen Blogs, was eigentlich aus dem Rahmen fällt, weil die Mehrzahl der Blogs keine journalistischen Produkte sind, und die meisten Blogger auch keine „gelernten" Journalisten sein wollen. Blogs etablierter Medien sind bisweilen ein Renner (www.forum.spiegel. de, www.stefan-niggemeier.de), gemessen an der publizistischen Marktmacht, die in Summe dahinter steht, hält sich der Erfolg der Profi-Tagebuchschreiber aber in Grenzen. Schauen Sie einfach einmal bei der von Ihnen präferierten Tageszeitung nach, ob es einen Blog gibt und wenn ja, wie viele Kommentare dazu geschrieben werden. Im Regelfall, werden Sie feststellen, verhallt die Meinungsäußerung ohne jede Resonanz. Das heißt zwar nicht, dass sie nicht gelesen würden, aber richtige Aufreger sind sie eben auch nicht.

Der Dialog ist aber gerade das Spannende an einem Blog. Der kommt aber nur dann zustande, wenn Leser Kommentare zu den veröffentlichten Artikeln abgeben. Für Sie als Firmensprecher bedeutet dies: Wird Ihr Unternehmen oder Ihr Angebot in einem Blog-Beitrag erwähnt, dann können Sie direkt dazu Stellung nehmen und so eventuell eine Debatte anregen. Man nennt das, auf einen Thread antworten (das bedeutet, einen Diskussionsfaden – das ist die Übersetzung von Thread – aufzunehmen). Der größte Fehler, den Sie dabei machen können, ist es, bei kritischen Äußerungen à la Leserbrief zu reagieren. In der Gemeinde der Blogger und Blog-Leser werden Kommentare begrüßt, die offen, klar, ehrlich, fair und meinungsfreudig sind. Durch eine angemessene Reaktion im Rahmen dieser Merkmale können Sie negative Folgen eines Blog-Beitrags schon im Frühstadium begrenzen.

Die Reaktion auf Blogs ist eine Sache, das Verfassen eines eigenen - sogenannten Corporate Blogs – ist eine andere. Unternehmen nähern sich dem eigenen Blog als Instrument der Kommunikation nur langsam. Dafür gibt es viele Gründe. Der

---

144 Marcel Bernet: Medienarbeit im Netz. Von E-Mail bis Weblog: Mehr Erfolg mit Online-PR. Zürich 2006, S. 15.
145 Manfred Perterer, Chefredakteur „Salzburger Nachrichten".

Wichtigste dürfte sein, dass sich Manager schwer tun damit, über Entscheidungen und Entwicklungen offen zu diskutieren; nicht zuletzt aus Wettbewerbsgründen.

Sven Windahl, Benno Signitzer und Jean T. Olson[146] haben einst erhoben, dass die Hälfte der Unternehmen und Organisationen das Public Information Modell zur Grundlage ihres kommunikativen Tuns machen, je 15 Prozent setzen auf Propaganda oder Dialog, ein Fünftel auf asymmetrische Feedbackschleifen. Die überwiegende Mehrzahl begnügt sich also damit, Informationen an Mitarbeiter, Kunden und Medien zu adressieren ohne danach den systematischen Dialog ins Kalkül zu ziehen.

Das macht den Umgang mit einem Medium, das ausschließlich auf den Dialog aus ist - wie das bei Weblogs der Fall ist - von Haus aus unendlich schwierig. Aktive Unternehmensblogs sind nach wie vor vergleichsweise selten. Sie werden in erster Linie in zwei Fällen aktiv eingerichtet: als Begleiter für eine Kampagne oder in Krisen- bzw. Veränderungsprozessen. Sie können ganz einfach herausfinden, wer in Ihrer Branche schon aktiv ist, indem Sie unter Blogs in Google suchen. Es ist erstaunlich, wie viele Blogger es zu den einzelnen Themen gibt, von denen aber nur die wenigsten von Unternehmen selbst gesteuert sind.

Einige Branchen haben eine große Fangemeinde

Sportartikelhersteller haben da ihre Fangemeinde ebenso wie Autobauer (was trotz Krise zeigt, dass das Auto immer noch emotional stark besetzt ist). Natürlich tauschen sich die Fans der Fußballclubs aus und bloggen die Modelleisenbahner, dass es eine wahre Freude ist, sobald ein neuer Waggon oder eine neue Lokomotive auf den Markt kommt. In Foren, die sich um Computerthemen drehen, wird laufend Support bei Soft- und Hardwareproblemen gegeben. Wenn Sie in den Bereichen Unterhaltungselektronik, Telekommunikation, Do-it-yourself, Kochen und Ernährung, Haus und Garten sowie Tourismus und Reise tätig sind, dann ist es einen Versuch wert, sich in den Online-Meinungsaustausch einzubringen.

Ein geeigneter Einsatzbereich von Blogs ist auch die interne Kommunikation, z.B. zum dialogischen Austausch zwischen Vorstand und Mitarbeitern. Über einen internen Blog können aktuelle Themen diskutiert werden. Vorausgesetzt natürlich, eine offene Unternehmenskultur schafft den geeigneten Rahmen.

Was aber, wenn Ihr Unternehmen selbst in die Diskussion gerät? Das kann als Hilferuf („Ich kenne mich mit der Gebrauchsanweisung nicht aus"), als Empfeh-

---

146 Sven Windahl/Benno Signitzer/Jean T. Olson: Using Communication Theory. An Introduction to Planned Communication. London, Newbury Park, New Dehli 1993, S. 91 f.

lung oder als Kritik geschehen. Schade, wenn Sie davon gar keine Kenntnis haben, weil Sie sich um Blogs nicht kümmern. Damit vergeben Sie aktive Kommunikationsgelegenheiten. Was gibt es für Ihre PR Schöneres, als einer aktiven Gruppe von Menschen einen brauchbaren Tipp zur Lösung ihres Problemes zu geben? Deshalb: Machen Sie aktives Blog-Monitoring. Wie das geht? Sie brauchen nur für Sie interessanten Blogs per RSS oder Mail abonnieren. Sie werden sich wundern, was Sie da so alles finden.

Jüngst bin ich über den Blog eines Ferialpraktikanten gestolpert, der sich als eine Art Günter Wallraff der Moderne versucht hat und seine ganze Arbeit in Wort und Bild mit der Handykamera dokumentiert hat. Sein Tagebuch ist sehr spannend und gut gemacht. Die künftigen Bewerber werden das sicher mit (Vor)Freude lesen und sehen. Aber was ist, wenn Ihr Unternehmen als Ausbilder auf diesem Weg durch den Kakao gezogen wird?

Vom Mitleser zum Diskutanten

Wenn Sie die für Sie interessanten Blogs bzw. sozialen Plattformen gescreent haben und die ausgewählt haben, die für Sie interessant sind, können Sie am Anfang mit einem Nickname und einer kostenlosen E-Mail-Adresse anonym mitlesen. Wenn Sie später selbst mitdiskutieren möchten, müssen Sie sich allerdings outen und mit Klarnamen und eindeutigem Hinweis auf Ihre Rolle im Unternehmen aufmerksam machen. Vor der Registrierung in einem Forum oder Weblog kann es Sinn machen, direkt mit dem Betreiber Kontakt aufzunehmen. Dabei sollte offen und ehrlich kommuniziert werden, weshalb Sie als Firmenvertreter teilnehmen wollen. Im Rahmen dieses Austausches verpflichten Sie sich auch, werbliche Aktivitäten zu unterlassen.[147]

Wenn Sie sich entscheiden, aktiv als Diskutant an Foren oder Blogs teilzunehmen, sollte Ihnen bewusst sein, dass das zwar wenig kostet, dafür aber doch relativ zeitaufwändig ist. Hüten Sie sich davor, Blogs instrumentalisieren zu wollen! Die Blogosphäre (von Insidern bisweilen liebevoll „Klein Bloggersdorf" genannt) ist hervorragend vernetzt. Gerade die Aktivitäten von Unternehmensvertretern werden argwöhnisch beobachtet, und Versuche, sich über Kommentare zu profilieren, können zu heftigen Vorwürfen führen.

---

147 Rainer Bartel: Erfolgreiche Online-PR. Mehr Verkaufserfolg durch professionelle Öffentlichkeitsarbeit im Web. Düsseldorf 2009, S. 109.

☑ CHECKLISTE WEBLOGS

Gibt es Weblogs, die sich mit Themen beschäftigen, die für Ihr Unternehmen interessant sind?

Wenn ja: Können Sie dazu einen aktiven Beitrag leisten oder genügt es, die Diskussionen laufend zu verfolgen?

Ist es sinnvoll, einen eigenen Corporate Weblog einzurichten?

Wenn ja: Suchen Sie die für Sie passende Software. Häufig verwendet werden Blogger (ein Google-Service), TypePad, Wordpress, Kaywa, Movable Type. Danach sind folgende Fragen zu beantworten:

- ▶ Gibt es für den Weblog Ihres Unternehmens eine Zielgruppe, die großes Interesse an einem Informationsaustausch zu einem Spezialthema hat?
- ▶ Bestehen immer wiederkehrende Fragen zu bestimmten Themen von verschiedenen Zielgruppen, die über einen Blog beantwortet werden könnten?
- ▶ Ist mit einem Weblog ein Zusatznutzen für Ihre Medienarbeit zu erreichen?
- ▶ Haben Sie genügend personelle und inhaltliche Kapazitäten, um in regelmäßigen Abständen originelle und gut geschriebene News zu bloggen? Können Sie damit Stoff für redaktionelle Artikel liefern?
- ▶ Rechtfertigt der Zusatznutzen den nicht unerheblichen Aufwand?
- ▶ Wollen Sie eine offene oder gesteuerte Diskussion? Wenn Sie Kommentare steuern wollen, können Sie diese erst nach Gegenlesen freigeben oder einen persönlichen Log-In verlangen.

➕ BEISPIELE AUS DER PRAXIS:

Unter www.tourismus.org tauscht sich ein kleines Team von webaffinen Menschen über den Südtiroler Tourismus aus. Die Autoren beschäftigen sich beruflich in Marketing- und Webagenturen mit den Themen Internetmarketing im Tourismus sowie mit aktuellen touristischen Entwicklungen in Südtirol. Mit ihren durchaus sehr intensiv diskutierten Themen schaffen die Blogger es, sich mit anderen Tourismus- und Webinteressierten auszutauschen „Jeder ist hier herzlich willkommen, der seine eigenen Erfahrungen in den genannten Bereichen mit einem breiteren Publikum teilen möchte." Das tun auch vergleichsweise viele Touristiker aus Südtirol, womit es die Betreiber des Blogs schaffen, eine hohe Aufmerksamkeit für ihre Arbeit zu generieren.

- ▶ Zum Thema Börse gibt es eine ganze Reihe von Blogs. Das zeigt, dass das Thema Geld auch eines ist, das die Menschen bewegt. Ein Beispiel unter vielen ist das in Hamburg geschriebene Börsennotizbuch, das Kurse, Informationsmaterialien, und vieles mehr zusammenträgt: http:/www.boersennotizbuch. de/das-boersenblog.

4.7 YouTube und Flickr: (bewegte) Bilder sprechen lassen

Ein Bild sagt mehr als tausend Worte, lautete eine alte Regel des Printjournalismus. Die Nutzung von Plattformen, auf denen Fotos gepostet werden können, zeigt, dass diese Regel heute nichts an ihrer Bedeutung eingebüßt hat.

Flickr (wie auch Picasa und andere) sind Dienstleistungsportale, auf denen Fotos hochgeladen werden können. 5000 Uploads pro Minute über die Website, per E-Mail oder auch Handy machen das kanadische Flickr (wurde in der Olympiastadt 2010 Vancouver programmiert) zum größten öffentlich einsehbaren Fotoalbum der Welt mit 40 Millionen registrierten Besuchern.

Unternehmen nutzen diese Bilderverwaltungssoftware noch kaum, obwohl gerade die von Flickr gebotene Möglichkeit, Fotos mit Geotags zu verbinden, sehr interessant sein könnte. Was bedeutet das? Bei jedem mit einem Smartphone oder einer Digitalkamera mit integrierten Geodaten (Google Maps) werden zu jedem Foto die Koordinaten mitgeliefert, sodass der Ort der Aufnahme ganz genau bestimmt werden kann. Wenn nun beispielsweise ein Tourist im Umfeld seines Hotels wissen will, was es da Interessantes gibt, kann er auf der Landkarte schauen, welche Fotos für diesen Kartenausschnitt vorhanden sind. Nehmen wir ein Beispiel: Sie haben ein Geschäft mit orginellen Waren, die setzen sie fotografisch entsprechend in Szene und versehen die Bilder mit einem Geotag. Wenn jetzt jemand nach Ihrem Ort sucht, könnte es durchaus sein, dass gerade Ihre Bilder auf Interesse stoßen und sich daraus ein Geschäft ergeben könnte. Restaurants machen daraus eine kleine Story: Die Gerichte auf der Speisekarte werden effektvoll in Szene gesetzt, dazu gibt es dann auch noch ein Kochbuch und natürlich den Link zur Homepage. Alles das kann natürlich auch für recherchierende Journalisten interessant sein.

Abbildung 33: Flickr

Geeignet ist ein solches Instrument für den Handel, Touristiker oder auch Dienstleister. Das Beispiel oben zeigt das bekannte Gehry-Haus in der NRW-Metropole Düsseldorf, das dutzendfach aus allen Blickwinkeln fotografiert und mit Geodaten versehen wurde. Beatles-Fans wissen im Übrigen, dass Fotos durchaus ein probates Mittel sein können, um Kundenbindung zu betreiben. Der Friseur in der Penny Lane zeigte schon in den Sechzigerjahren des vergangenen Jahrhunderts „photographs of every head he's had the pleasure to know. And all the people that come and go Stop and say hallo." Heute täte der Barber McCartneys das vielleicht im Internet. Nur so nebenbei: Fast 150.000 Fotos mit dem Stichwort „Barber" finden sich momentan bei Flickr. Welche Unternehmen Fotos auf Flickr posten, können Sie am besten selbst herausfinden, wenn Sie einmal Ihren Standort oder Ihre Branche näher unter die Lupe nehmen.

Die YouTube Generation liebt Bewegtbilder

YouTube oder auch die anderen genannten Videoplattformen können sich ohne Weiteres mit TV-Anbietern messen. Auf YouTube – seit 2006 eine Tochter von Google – werden täglich 65.000 neue Videos hochgeladen und 100 Millionen Clips angesehen, jeder davon bringt es im Tagesschnitt auf zehn Abrufe. Bei My Video werden täglich 9.000 neue Videos hochgeladen. 3,8 Millionen Videos stehen dort online. Bei den „Rennern" steigen die Seherzahlen in Dimensionen, die sich Fernsehsendungen nur wünschen können. Die Mehrzahl der eingestellten Videos sind aber - auch das darf nicht geleugnet werden – glatte Flops. Ohne begleitende Online-PR und intensives Empfehlermarketing verschwinden eingestellte Videos meist im Internet-Nirwana.

4.8   Onlinebewertungen: das Urteil der Verbraucher

Bewertung

Unternehmen		Medium	
Bedeutung	+	Bedeutung	++
Aufwand/Praktikabilität	--	Aufwand/Praktikabilität	++
Dialogorientierung	-	Dialogorientierung	-
Zukunftsentwicklung	++	Zukunftsentwicklung	++
Online-Tauglichkeit	++	Online-Tauglichkeit	++

Ganz spezifische Probleme für die Medienarbeit von Unternehmen werfen Online-Bewertungen auf. Je größer das persönliche Involvement von Menschen in einer Sache ist, desto eher sind sie geneigt, sich zu artikulieren. Das beginnt mit dem traditionellen Leserbrief, der auf den Medienseiten im Internet seine elektronische Entsprechung als Posting findet und mündet letztlich in ausführlichen Besprechungen auf eigenen Plattformen.

Viele gelernte Verhaltensmuster von Konsumenten sind in den letzten Jahren schwer erschüttert worden. Selbst die unabhängige Stiftung Warentest in Deutschland tut sich zunehmend schwer, ihren Platz gegen die kostenlosen Online-Bewertungsplattformen zu behaupten, schreibt die „Welt"[148]: „Deutschlands bekannteste Produkttester stecken in Schwierigkeiten. Immer weniger Verbraucher wollen für die Qualitätsurteile der Stiftung Warentest bezahlen." Abgesehen von einigen weniger penibel arbeitenden Testern, die ihre Ergebnisse in Printmagazinen publizieren, leiden die Berliner Warentester unter dem Boom an Verbraucherforen, „in denen von der Auspuffanlage bis zur Zahnarztpraxis jeder alles bewerten kann."

„Digitale Lebenshilfen"[149] erfassen immer mehr Bereiche im Internet und entwickeln sich entweder zum Verkaufsschlager oder -killer für Unternehmen.

Gymnasiasten wählen ihr Studium längst nicht mehr nach den meist noch dazu extrem schlecht, weil statisch gemachten Uni-Homepages aus, sondern suchen den Rat bei ihren künftigen Kommilitonen, die in den sozialen Communities ganz genau beschreiben, was ihnen an ihrem Fach gefällt und noch viel mehr, was ihnen missfällt.

Besonders nachhaltig wirken diese Diskussionsforen im Tourismus: Dort genießen private Restaurant-, Hotel- und Campingplatzkritiker längst mehr Glaubwürdigkeit als die „offiziellen" Hauben- und Sternekategorisierer.[150] Sie sind individueller, meist auch ausführlicher und zumindest vordergründig nicht von Marketingüberlegungen des Anbieters getrieben. Aber selbst wenn Kategorisierungen vom Marketing getrieben sind, erzielen sie ungeheure Wirkungen. Der Grund liegt auf der Hand: Eine Empfehlung von jemandem, dem man Vertrauen schenkt, zählt allemal mehr als bunte Katalogbilder oder blumige Beschreibungen im Gourmetführer.

Bestes Beispiel sind die Buchungsplattformen. Wenn ich als Interessent einer spezifischen Destination und Hotelkategorie die Wahl habe zwischen einem Haus, dessen Gäste Service, Ambiente und Essen überwiegend positiv beurteilen, werde ich mit größter Wahrscheinlichkeit nicht das gleich teure Hotel wählen, das eine miese Bewertung abbekommt.

Regina Reitsamer beschreibt das Phänomen in den „Salzburger Nachrichten" so: „Lassen immer individuellere Kundenwünsche und der Boom an Hotelbewertungen im Internet den Glanz der Hotelsterne verblassen? Trendforscher Andreas Reiter vom Wiener Zukunftsbüro sagt dazu: ‚Der Trend ist generell: Die Ge-

---

148 Andrea Exler: Produktprüfer unter Druck. In: Die Welt, 20. Mai 2009, S. 10.
149 Schulz-Bruhdoel/Bechtel (2009), S. 59.
150 Einige Adressen: www.holidaycheck.de, www.tripadviser.de, www.trivago.de, www.zoover.com. Fast alle Reiseveranstalter lassen inzwischen ihre Gäste urteilen und Empfehlungen abgeben.

staltungsmacht wandert von den Produzenten hin zum Konsumenten. Wer einen Computer kauft, informiert sich auch zuerst im Internet, was andere User sagen.' Im Tourismus sei es nicht anders. Die Zahl der Portale, die Onlinebewertungen von Hotels und Gaststätten bieten, steigt rasant. ,Man kann das als Demokratisierung sehen: ,Die Intelligenz der Masse', sagt Reiter, ,auch wenn die Masse nicht immer intelligent ist'."[151]

Und wie in allen derartigen Fällen sind die klassischen Kategorisierer hilflos, suchen nach „Anstandsregeln". Was nichts daran ändert, dass die miese Bewertung im Internet das Geschäft nachhaltig ruinieren kann, während der Jubel der internetten Massen selbst dem entlegensten Gasthof oder Campingplatz den Kick geben kann. Das Web 2.0 verändert die Kommunikation zwischen Gast und Wirt.[152]

Andrea Exler beschreibt in der „Welt"[153], wie 30 Testpersonen ausschwärmen, um Kreditinstitute zu testen. Dagegen bietet etwa bankenvergleich.net einen kostenlosen Überblick über die günstigsten Konditionen von Kreditinstituten. Erstellt wird diese Site von einer Privatperson. Gleiches gilt im Übrigen auch für eine Zusammenstellung von Banken, die irgendwann von einer Verbraucherorganisation öffentlich gerüffelt wurden, einen Prozess gegen einen Kunden verloren haben oder durch rüde Praktiken im Umgang mit Sparern oder Kreditnehmern negativ aufgefallen sind.

Auf zahlreichen Plattformen artikulieren sich Bankkunden verärgert über miese Behandlung, schlechte Dienstleistungen, Übervorteilung bei den Zinsen und so weiter. Die Banken sind hier nur als Beispiel genannt, weil sie nach dem Megagau, den sie herbeigeführt haben, ohnehin in der Reputationsskala ganz unten rangieren. Betroffen sind aber so gut wie alle Branchen. Ein Wirtschaftszweig, der nicht Gegenstand der Bewertung und Erörterung im Internet ist, sollte das auf keinen Fall als positives Signal sehen. Vielmehr muss er sich Sorge um die eigene Bedeutung machen.

Gerade bei technisch etwas aufwändigeren Produkten ist die Meinung von Anwendern beim Kauf entscheidend. Stellen Sie sich vor, Sie möchten mit der Familie auf eine größere Radtour gehen. Dazu brauchen Sie einen Radständer für das Auto. Sie haben die Möglichkeit, für Ihren Plan ein passendes Modell bei Ihrem Autohaus oder beim Zubehörhandel zu kaufen. Oder Sie schauen erst, was die (meist) Leid geprüften Anwender für Erfahrungen gemacht haben. Und dann lesen Sie von

---

151 Regina Reitsamer: Über den Erfolg abseits der Sterne. In: Salzburger Nachrichten, 7. Februar 2009, S. 56.

152 Ansteckende Werbung. Das Internet verändert auch die Kommunikation im Tourismus. http://www.sueddeutsche.de/452386/531/2846832/Ansteckende-Werbung.html, April 2008.

153 Andrea Exler: Die Stiftung Warentest bangt um ihre Zukunft. Die Welt, 20. Mai 2009.

absplitterndem Lack, nicht zu öffnenden Heckklappen oder stundenlangem Geschraube. Was tun Sie? Richtig: Sie kaufen ein anderes Modell oder verzichten auf den Kauf des Radständers und damit auch auf die geplante Tour mit dem Fahrrad.

Die Beispiele lassen sich beliebig fortsetzen. Vom Automechaniker über die Berliner Schmuddelkneipen (die ganz hochoffiziell behördlich an den Pranger gestellt wurden) bis hin zum Zahnarzt wird heute wirklich alles und jedes unter die Lupe genommen und bewertet.

Interessant sind die Online-Bewertungen aus der Sicht der Medienarbeit von Unternehmen deshalb, weil immer wieder der Wunsch nach aktiver Beeinflussung laut wird. „Können sich da nicht ein paar Leute hinsetzen und unser Angebot positiv beschreiben?" Die klare Antwort ist „Jein". Natürlich können Sie eigene Mitarbeiter oder Freunde bitten, sich einzuschalten in die Debatte, positive Bewertungen abzugeben. Aber das hat natürlich seine Grenzen. Erstens gibt es Portale, die technische Hürden einbauen, sodass eine falsche Bewertung erschwert wird. Man kann dann zum Beispiel nur das bewerten, was man auch wirklich gebucht hat. Andere Plattformen überprüfen verstärkt extrem positive oder negative Einträge.

Manipulation kann gehörig nach hinten losgehen. Wenn Sie von ein und derselben IP-Adresse aus lauter Jubelmeldungen ins Netz stellen, ist der Schelm sehr schnell entlarvt und dann kann es peinlich werden. Viel besser ist es, sich Gedanken über kritische Meinungen zu machen, darauf einzugehen und sich zu bessern, wenn das möglich ist. Denn jede kritische Äußerung hat ja in der Regel ihren (schlechten) Grund. Auch und besonders im Internet gilt, dass ein Wildschwein auf Dauer nicht als Rennpferd verkauft werden kann.

Die Spuren jedenfalls, die derartige Einträge hinterlassen, können auf keinen Fall ignoriert werden. Denn Google registriert das (und zwar besonders genau), womit die Spuren im Internet deutlich sichtbar sind und bleiben.

4.9 Newsportale: Multiplikatoren von Medienmitteilungen

Bewertung

Unternehmen		Medium	
Bedeutung	+	Bedeutung	-
Aufwand/Praktikabilität	+	Aufwand/Praktikabilität	O
Dialogorientierung	- -	Dialogorientierung	- -
Zukunftsentwicklung	+	Zukunftsentwicklung	-
Online-Tauglichkeit	++	Online-Tauglichkeit	++

Die Recherche nach neuen Informationen über Unternehmen und deren Produkte findet heute fast immer zuerst im Internet statt. Deshalb ist es wichtig, dass Sie mit Ihren Informationen von den Suchmaschinen gefunden werden. Ihre aktuellen Informationen - insbesondere also Ihre Medienmittelungen - müssen deshalb gut gelistet und indiziert sein. Das beginnt im Mediencorner Ihrer eigenen Internetseiten, setzt sich in den Communities fort und hat in den News- oder Presseportalen Plattformen gefunden, auf denen sich Unternehmensnachrichten gut auffindbar einen Platz im Internet sichern können. Sie haben so die Möglichkeit der Veröffentlichung und Steuerung von Unternehmens- und Produktinformationen und erreichen damit sowohl Ihre Kunden als auch die Journalisten.

Links auf die Homepage oder eine bestimmte Landingpage führen Interessenten direkt zum Point of Sale und unterstützen das Ranking in den Suchmaschinen (Backlinks). Mit einer guten Position in den Trefferlisten wird die Pressemitteilung für Journalisten als auch Endkunden auffindbar. Für Unternehmen ist die direkte Zielgruppenansprache eine große Chance, um ihre PR-Ziele erfolgreich umzusetzen und eine positive Reputation im Internet aufzubauen.

Mitte der Neunzigerjahre entstanden die ersten Services für PR-Kunden zur Verteilung redaktionell unveränderter Medienmitteilungen und Fotos. Inzwischen werden auch Audio- und Videofiles distribuiert. Marktleader im deutschsprachigen Raum ist der Originaltextservice (ots) von dpa und apa.

Zu den kostenpflichtigen Presseportalen bzw. Pressediensten[154] zählen die klassischen Presse- und Nachrichtendienste, wie z.B. Reuters, dpa, ddp. Die Medienmitteilungen werden per E-Mail oder über ein Onlineformular an die Portalredaktion geschickt und auf dem Presseportal als Originaltextservice veröffentlicht. Die Redaktion der Nachrichtenagentur greift hier nicht ein, bisweilen werden aber auch interessante Meldungen zur Weiterrecherche herangezogen und finden dann Eingang in den redaktionellen Teil der Agenturmeldungen. Als OTS (Originaltextservice) geht die vom Unternehmen kostenpflichtig publizierte Medienmitteilung an akkreditierte Redakteure sowie über die entsprechenden News-Streams direkt an die angeschlossenen Medienredaktionen.

Die wichtigsten offenen Presseportale sind – auch wenn sie nicht als solche geführt werden – nach wie vor die Nachrichtenagenturen, also dpa (Deutsche Presse-Agentur), APA (Austria Presse Agentur), Schweizerische Depeschenagentur, Agence France Presse, Associated Press, United Press International, Reuters, Bloomberg, The Press Association, ITAR-TASS, Interfax usw. Verbreitet werden über diese Netze ausschließlich journalistisch interessante und für die Nutzer (in erster Linie die Medien) verwendbare redaktionelle Geschichten. Wenn Sie mit einer Unternehmensnachricht in das Redaktionssystem einer Nachrichtenagentur kommen, können Sie davon ausgehen, dass Ihre Geschichte eine gehörige Verbreitung findet. Die Bedeutung der Nachrichtenagenturen nimmt allerdings in letzter Zeit deutlich ab, weil sich die Informationen über das Internet und die Social Media-Plattformen bisweilen schneller verbreiten als über die Redaktionssysteme der professionellen Nachrichtenagenturen.

Das Internet bietet darüber hinaus viele neue Plattformen zur direkten Veröffentlichung von Medienmitteilungen und Fachartikeln. Die meisten dieser Portale finanzieren sich über Werbung bzw. Google Ads oder auch über zusätzliche, kostenpflichtige Pressedienstleistungen. Die kostenpflichtigen Portale verlangen für das Einstellen von Medienmitteilungen und den Versand an die Medien einen Beitrag in der Größenordnung von bis zu gut 300 Euro.[155] Die große Anzahl an neuen Medien für kostenlose Veröffentlichungen von Medienmitteilungen und Fachbeiträgen bietet auch kleineren Unternehmen die Möglichkeit, von einer sehr günstigen Präsenz im Internet zu profitieren.[156]

---

154 Kostenpflichtige Presseportale sind z.B. www.presseportal.de (ots), www.pressrelations.de, www.presse-text.de, www.ots.at (Service der APA), www.presseportal.ch,; kostenpflichtige Branchen-Presseportale http://www.pressebox.de (IT und Telekommunikation), www.press1.de (IT und Gesundheit), www.life-pr.de (Lifestyle, Wellness), www.germanpress.de (Touristik); weitere Beispiele finden Sie, wenn Sie bei Google eingeben: kostenpflichtige Presseportale.

155 Einen sehr interessanten Vergleich hat die Adenion GmbH aus Grevenbroich in einem White Paper unter dem Titel Presseportal-Report 2010 erstellt.

156 Melanie Tamblé: Grundlagen der Online-PR. www.public-relations-experts.de

Eine Veröffentlichung von Medienmitteilungen und Fachartikeln auf Presseportalen hat zweifelsfrei Vorteile. Jede Veröffentlichung im Internet ist ein Gewinn, um mehr Reichweite zu erzielen. Egal wie klein oder groß das Marketingbudget ist, die Eintragung von Medienmitteilungen auf den kostenlosen Portalen sollte automatisch erfolgen, weil damit eine weitläufige Verlinkung erzielt wird. Damit werden Sie von den Suchmaschinen gut gefunden und Ihre Nachricht entsprechend prominent gereiht. Durch themenrelevante Inhalte und die gute Vernetzung der Portale erreichen die Veröffentlichungen eine hohe Reichweite und eine gute Präsenz in den Suchmaschinen. Sie erreichen mithin Ihre Zielgruppen direkt und ohne den Redaktionsfilter.[157]

Wenn Sie diese Art der kostenlosen PR nutzen möchten, müssen Sie allerdings auch einigen Zeitaufwand betreiben, denn die meisten Portale erfordern zunächst eine Registrierung und auch die Eingabemasken sind meist sehr unterschiedlich aufgebaut, sodass Sie sich zunächst einmal mit den Usancen vertraut machen müssen, ehe Sie dann loslegen können. Nach mehrmaliger Wiederholung wird aber auch das zur Routine.

Ob die offenen Presseportale auch von Journalisten als erste Quelle herangezogen werden, wage ich mit einigen Ausnahmen zu bezweifeln. Ich empfehle Ihnen auch, Ihre klassischen Medienansprechpartner (insbesondere also Fach- und Wirtschaftsmedien) zuerst zu kontaktieren und erst mit einiger zeitlicher Verzögerung die Internet-Presseportale zu befüllen. Diese selbst auferlegte „Sperrfrist" ist ein Akt der Fairness gegenüber den zwangsläufig langsameren Publikationsformen. Sie müssen sich nur in die Situation eines Fachredakteurs versetzen, der laufend über Ihr Unternehmen berichtet. Sie schicken ihm ein Mail mit der neuesten Medienmitteilung und parallel dazu schickt ihm Google ein Dutzend Alerts mit genau dieser Information, die in den Presseportalen schon veröffentlicht wurde. In solchen Fällen dürfen Sie sich dann nicht wundern, wenn Ihre Medienmitteilung keine Beachtung findet.

---

157 Kostenfreie Presseportale sind z.B.: www.openpr.de, www.firmenpresse.de, www.presseanzeiger.de, www.prcenter.de,www.pr-inside.com, www.eulenspiegel.org, www.fair-news.de, www.nupepa.de, www.offenes-presseportal.de, www.portalderwirtschaft.de, Branchenportale sind www.it-news.cc (IT und Telekommunikation), www.touristikprese.net (Tourismus), www.medcom24.de (Medizin, Gesundheit). Weitere Adressen finden sich unter www.pr-gateway.de/Presse/Presseportale.

4.10 Online-Publikationen: Verlegen im Internet

Bewertung

Unternehmen		Medium	
Bedeutung	+	Bedeutung	+
Aufwand/Praktikabilität	–	Aufwand/Praktikabilität	+
Dialogorientierung	–	Dialogorientierung	–
Zukunftsentwicklung	+	Zukunftsentwicklung	+
Online-Tauglichkeit	++	Online-Tauglichkeit	++

Im Internet wird jedes Unternehmen auch sehr einfach zum Verleger in eigener Sache. Fachinformationen, Referenzprojekte, Bauanleitungen, Gebrauchsanweisungen, ausführliche Produktbeschreibungen, Imagebroschüren oder Geschäftsberichte können hier sehr kostengünstig publiziert und einer breiten interessierten Öffentlichkeit zugänglich gemacht werden, natürlich auch für Journalisten, die Hintergrundinformationen zu einem spezifischen Thema suchen.

Zu beachten ist bei Online-Publikationen, dass sie durch Suchmaschinen gefunden werden. Dazu reicht es nicht, ein pdf-File etwa eines gedruckten Geschäftsberichtes auf die Website zu laden, auch wenn Google inzwischen auch pdfs lesen kann. Das Dokument muss über einen unkomplizierten Pfad gefunden werden, die Inhalte (und zwar Kapitelweise) sollten auf der Startseite angeteasert und mit Inhalten und Tabellen verlinkt werden.[158] Die Kirchhoff Consult AG hat Online-Publikationen in einer Studie analysiert. Insgesamt kommt die Untersuchung zu folgenden Ergebnissen:

Bei der Mehrzahl der Unternehmen ist der Online-Geschäftsbericht durch Suchmaschinen (79 Prozent) und insbesondere durch einen unkomplizierten Pfad auf der Corporate Website (97 Prozent) sehr gut auffindbar. Verbesserungspotenzial besteht dagegen noch beim direkten Aufruf, nur 32 Prozent der Bericht-URLs sind eindeutig und prägnant. Lobenswert ist, dass eine große Anzahl der Unternehmen (89 Prozent) ihren Online-Geschäftsbericht für eine internationale Zielgruppe in Deutsch und Englisch publiziert.

Bei vielen Berichten (77 Prozent) wird der Einstieg erleichtert und gefördert, indem wichtige Themen auf der Startseite angeteasert sind. Einen zusätzlichen Direkteinstieg zu ausgewählten Kapiteln bieten dagegen nur 29 Prozent der Berichte

---

158 Vergleiche dazu die Studien des Deutschen Investor Relation Verbandes unter www.dirk.org/IR-Studien.html; Studie Online-Geschäftsberichte 2007 DAX30 und MDAX 2008.

an. Insgesamt ist dem Leser jedoch bei einem Großteil der Online-Geschäftsberichte (87 Prozent) eine schnelle Orientierung durch eine nachvollziehbare Strukturierung der Inhalte möglich.

Nur rund die Hälfte der Unternehmen schöpft den webspezifischen Vorteil aus, Kontextinformationen in Form von Querverweisen im Text (58 Prozent) und in Tabellen (46 Prozent) direkt zu verlinken, noch weniger Online-Geschäftsberichte (26 Prozent) bieten seitenspezifische, weiterführende Links an oder verlinken die dazugehörige Seite des Vorjahresberichtes direkt (19 Prozent). Auch den Mehrwert durch interaktive Kennzahlenvergleiche oder generisch veränderbare Tabellen bieten bisher erst wenige Unternehmen (23 Prozent) ihren Interessenten.

➕ BEISPIELE AUS DER PRAXIS:

Die zitierte Studie der Kirchhoff Consult AG vergibt an BASF, Deutsche Bank und Deutsche Post die Bestnote, was Online-Publikationen betrifft. Wenn Sie also selbst online publizieren, dann sollten Sie diese drei Fallbeispiele näher ansehen.

▶ Der Geschäftsbericht von BASF ist nicht nur als pdf downloadbar. Zusätzlich sind auch alle darin abgedruckten Tabellen als Excel-Dateien verfügbar. Eine Tag-Cloud zeigt, welche der dort gelisteten Themen besonders häufig vorkommen. Darunter fallen regelmäßig die einzelnen Quartalsberichte und hier wiederum der Begriff Aktie.

▶ Nicht nur vom Design und den Inhalten ganz anders präsentiert sich die Deutsche Post. Ein interessantes Detail hier: Immer wenn der Vorstandsvorsitzende Ergebnisse bekannt gibt, können Interessierte den Ausführungen online via Stream folgen. Dabei werden sowohl der Vortragende als auch seine Charts parallel dazu gezeigt. Geschäftsbericht und Datenmaterialien sind als pdf und HTML-Version verfügbar. Dazu heißt es in der Rubrik Investoren: „Unser Ziel ist, Investoren und Analysten umfassend, exakt und zeitnah mit Informationen zu versorgen, damit der Wert und die Wertpotenziale unseres Konzerns richtig eingeschätzt werden können."

▶ Bei der Deutschen Bahn findet sich der Investor Relations-Bereich unter der Adresse deutschebahn.com (und nicht .de). Hier werden dann alle Bereiche sehr eingehend dargestellt und zusätzlich mit Grafiken ergänzt, die sich mit einen Klick vergrößern und auch kopieren lassen. Auch hier sind die Geschäftsberichte und Zwischenberichte als pdf-Files verfügbar und können auch als gedruckte Version bestellt werden.

4.11 Evaluation und Webmonitoring: Wissen, was medial diskutiert wird

Nur wer in den Suchmaschinen zu den relevanten Themen und Suchwörtern auch gefunden wird, kann die Bekanntheit seines Unternehmens und seiner Angebote im Internet steigern und damit auch die Journalisten als Multiplikatoren erreichen. Aus diesem Grund ist Suchmaschinenmanagement und Webmonitoring auch so wichtig.

Das Web ist für die Medienarbeit nicht nur Kanal zur Weitergabe von Informationen, sondern zugleich Resonanzboden. Dies ist eine große Chance für die Kommunikationsverantwortlichen. Voraussetzung ist, dass der Inhalt themenrelevant ist und dass er mit entsprechenden Suchwörtern versehen wird. Hilfreich ist neben „Content" und „Keywords" auch die Verlinkung mit möglichst vielen anderen themenrelevanten Websites. Medienmitteilungen erfüllen diese Kriterien in der Regel und haben den Vorteil, dass sie direkte Verlinkungen zum Produkt und zur Unternehmens-Website haben. Werden sie in vielen Medien online publiziert, erreichen sie hohe Backlink-Raten. Zu beachten ist jedoch, dass die Stellungnahmen und Stimmungen im Web zwar das Bild in der Öffentlichkeitsarbeit stark beeinflussen können, aber nicht immer repräsentativ sind. Das Online-Monitoring sollte deshalb in eine möglichst umfassende Gesamteinschätzung eingebunden werden.[159]

„Das Internet wird immer mehr zu einer flüchtigen sozialen Vernetzungskraft. Verbindungen entstehen, Begegnungszentren wachsen, verschwinden, Kräfte formieren und verlieren sich"[160], schreibt Marcel Bernet. Für Unternehmen stellt sich die Frage, inwieweit das alles, was hier publiziert wird, auch tatsächlich relevant ist. Die Relevanz ergibt sich dann, wenn sich Meldungen wie ein Lauffeuer verbreiten. Es ist immer wieder erstaunlich, wie schnell sich Online-Meldungen verbreiten und damit das Geschäft mit der Kommunikation immer schneller – und ungenauer wird. Vor allem aber ist die Zahl der Dialogpartner um ein Vielfaches größer als in den Zeiten, als es möglich war, sich einzig und allein auf die „klassischen" Medien zu konzentrieren.

Es wird also in Zukunft noch mehr Zeitdruck geben, der Kommunikationsjob wird anspruchsvoller und unübersichtlicher. Das gibt dem Ganzen noch mehr Würze, birgt aber auch viele Probleme in sich. Eine ganz wesentliche Herausforderung wird auch in der strategischen Kommunikationsberatung liegen: Nicht alles, was

---

159 http://www.berlin-magazin.info/3741.html?&tx_ttnews%5Btt_news%5D=7498&tx_ttnews%5BbackPid
%5D=3346&cHash=27a2e87d02
160 Bernet (2006), S. 163.

möglich ist, wird auch finanzierbar sein. Deshalb werden besonders KMU sich sehr genau beraten lassen müssen, womit dem ökonomischen Prinzip am ehesten Genüge getan wird!

Den Grad der Zielerreichung messen

Maßstab für den Erfolg ist und bleibt der Grad der Zielerreichung. Jede Öffentlichkeitsarbeit ist zielgerichtet. Also muss sie sich auch an diesen Zielen messen lassen. Die Evaluation der Medienarbeit soll zeigen, dass mit den eingesetzten finanziellen, sachlichen und personellen Mitteln die größtmögliche kommunikative Wirkung erzielt wird.

Mit den Methoden des Monitorings wird untersucht, ob der mediale Filter passiert wurde, ob und wie intensiv die Dialoggruppen erreicht wurden, ob die Kernbotschaften transportiert und die Kommunikation besser aufgenommen wurde als die des Mitbewerbs. Diese Form der Untersuchung ist ein gutes Steuerungsinstrument für die Themen: Welche Botschaften werden aufgegriffen und welche nicht? Wer dominiert im Wettbewerb um die Logenplätze der Aufmerksamkeit der für das eigene Unternehmen relevanten Themen?[161]

Herkömmliche Clippingdienste[162] reichen längst nicht mehr aus, wenngleich die Anbieter inzwischen ihren „Newsradar" sehr viel genauer eingestellt haben. Um die Internetcommunity im Blick behalten zu können, wurden neue Auswertungsmethoden im Rahmen des Webmonitorings entwickelt. Da dies noch ein relativ neues Feld der Evaluation ist, möchte ich darauf etwas näher eingehen:

Unter dem Begriff Webmonitoring versteht man die systematische Suche im Internet nach Unternehmens-, Marken-, Meinungs-, Wettbewerber- und Personennennungen mit anschließender Kategorisierung und elektronischer Archivierung der gefundenen Daten.

Jedes Unternehmen sollte als Minimalmaßnahme einen Google Alert einrichten. Sie erhalten dann per E-Mail alle Informationen, die Google zu den eingegebenen Stichworten findet. Google findet allerdings bei Weitem nicht alle interessanten Einträge, weil vieles aus den unterschiedlichsten Gründen nicht gescannt wird. Selbst unter dieser Einschränkung ist es unerlässlich, diese einfache Webmonitoring-Einrichtung zu nutzen.

---

161 Ich habe mich ausführlicher mit dem Thema Evaluation in meinem Buch Profil durch PR. Wiesbaden 2009, S. 107ff. auseinandergesetzt.

162 Eine Auswahl der wichtigsten Clippingdienste: www.pressrelations.de, www.cision.com, www.ausschnitt.de;

Das funktioniert ganz einfach: Geben Sie zum Beispiel Ihren Firmennamen auf der Google Alerts Homepage (www.google.de/alerts) ein, Sie erhalten dann eine Bestätigungsmail und schon werden Sie laufend informiert. Es geht auch über Google News. Wenn Sie dort Ihren Firmennamen eingeben, werden Sie auch gefragt, ob Sie einen Alert einrichten wollen. Genaue Beschreibungen, wie vorzugehen ist, um vernünftige Ergebnisse zu bekommen, können Sie unter Google Hilfe nachlesen.[163]

Ein weiteres für Unternehmen sehr interessantes Tool ist Google Insights for Search. Sandra Schaffert und Mark Markus haben beim IT-Businesstalk 2009 gezeigt, wie mit diesem Instrument Einblicke in die Entwicklung ganzer Branchen gewonnen werden können.[164] Nehmen wir ein Beispiel: Sie sind im Bereich Wärmedämmung tätig. Dann geben Sie den Begriff bei Google Insights for Search ein. Heraus kommt eine Kurve, die relativ unspektakulär hoch verläuft, wobei immer zu Jahresbeginn (besonders im kalten Januar) besonders viele Anfragen kommen. Angezeigt wird auch das regionale Interesse. Das ist bei unserem Suchbegriff relativ gleich verteilt. Spannend ist dann das Ranking der Suchbegriffe: Nach den generellen Einstiegen über Dämmung und Haus Dämmung folgen sofort die Begriffe Förderung und Kosten. Und wenn sie dann noch unter zunehmende Suchanfragen gehen, finden Sie Wärmedämmung Zuschuss, KfW Wärmedämmung (eine Aktion der Förderbank der Deutschen Wirtschaft), Fassadendämmung, Kosten und Innendämmung. Aus diesen Begriffen können Sie beispielsweise als Hersteller von Zellulosedämmungen ein sehr treffsicheres Kommunikationsprogramm ableiten.

In Zeiten des Web 2.0, in denen sich Konsumenten über Internetforen, Blogs, Microblogs wie Twitter, Video Sharing Sites wie YouTube, Meinungsportale wie Ciao oder soziale Netzwerke wie Facebook, Xing oder StudiVZ zu Produkten oder Dienstleistungen austauschen, wird auch die Beobachtung dieser Plattformen immer bedeutender.

Das Webmonitoring kann entweder manuell oder automatisiert, mithilfe von eigens dafür programmierter Software, vonstatten gehen. Je spezifischer die Suchkriterien sind, desto genauer sind die Ergebnisse. Je unspezifischer, desto mehr „menschliche Nacharbeit" ist notwendig. Manuelles Webmonitoring wird durch qualifizierte Personen geleistet. Diese Variante ist zwar zeitaufwändiger als automatisiertes Webmonitoring, liefert dafür aber vergleichsweise sehr zuverlässige und nützliche Ergebnisse.

---

163 http://www.google.de/support/alerts/#q3
164 Unter http://www.it-businesstalk.at/event_programm/ findet sich die Präsentation der beiden Forscher von Salzburg Research.

4.12 Automatisiertes Webmonitoring

Beim automatisierten Webmonitoring kommt spezielle Software zum Einsatz, die nach den erwünschten Parametern konfiguriert wird und auf Grundlage dessen ein automatisiertes Webmonitoring betreibt. Der Vorteil liegt hierbei darin, dass schnell Ergebnisse zutage gefördert werden. Allerdings lässt oftmals die Relevanz der Ergebnisse zu wünschen übrig, da die Software natürlich stark schlagwortartig orientiert ist und sich strikt an den Suchparametern orientiert, ohne die gefundenen Daten auch auf den richtigen, thematischen Zusammenhang zu durchleuchten.

Eine Reihe von Agenturen hat dazu bereits Programme entwickelt,[165] so auch die PLEON-Gruppe[166], deren Tool systematisch das soziale Web screent und bewertet. Analysiert wird dabei, aus welchen Quellen die meisten Äußerungen kamen, welche Themen zu welcher Zeit und in welchem Umfeld am häufigsten diskutiert wurden. Die Einstellungen zu den Themen werden danach gewertet, ob sie positiv, neutral oder negativ waren und schließlich wird auch noch festgehalten, welche Seiten den größten Einfluss hatten. Dieses Webmonitoring funktioniert natürlich auch als Wettbewerbsanalyse. Dabei werden die Mitbewerber nach bestimmten definierten Topics analysiert. Das kann zum Beispiel sein: Qualität der Produkte, des Services, Preis-Leistungs-Verhältnis etc. Das Ergebnis ist ein Benchmarking mit Prozentwerten positiver und negativer Äußerungen im Internet zu den jeweiligen Topics. Das PLEON-Tool ermöglicht auch umfangreiche Image-, Trend- und Kampagnenanalysen.

Bei der Evaluation der Medienarbeit generell gibt es inzwischen einen sehr weitgehenden wissenschaftlichen Konsens, dass die Messmethoden nahe an den Unternehmenszielen liegen müssen (und sich z.B. mit Mitarbeiter- und Kundenzufriedenheit, Risikomanagement oder Mitbewerber-Benchmarks befassen). Das sichert Verständnis und Akzeptanz beim Management. Ein ordentliches Monitoring der diversen Off- und Online-Medien ist dafür in jedem Fall notwendig und Grundvoraussetzung.

---

165 z.B. http://www.intelligence-group.com/pages/cockpit.asp
166 Projektleiterin ist Birgit Franke von PLEON Düsseldorf; www.pleon.com

5. Den Wandel in der Unternehmens- kommunikation gestalten

Die Medienarbeit von Unternehmen unterliegt einem rapiden Wandel, den es aktiv zu gestalten gilt. Ausgelöst wurde die Veränderung durch die Diversifikation der Kommunikationskanäle. Das Internet verändert die Medienarbeit der Unternehmen nachhaltig. Diese Entwicklung wird in Zukunft vielleicht noch rascher vor sich gehen als in den letzten Jahren. Bereits heute investiert jeder vierte Befragte mehr als die Hälfte seiner Arbeitszeit in den Bereich Online-PR. Zudem herrscht Einigkeit, dass dieser Anteil weiter steigt, denn über das Internet wird schnell und kostengünstig kommuniziert.

Die Möglichkeiten der Onlinekommunikation haben aus meiner Sicht freilich nur die schon seit Längerem absehbaren Tendenzen in der Medienlandschaft verstärkt. Klassische Medien haben an Bedeutung verloren, neue Mittler sind entstanden. Momentan sieht die Medienlandschaft aus wie ein großes Forschungslabor, in dem eifrig experimentiert wird. Was heute noch gilt, kann morgen schon Makulatur sein.

Das alles bleibt nicht ohne Auswirkungen auf die neue Medienarbeit. Sie ist ungleich vielfältiger und multimedialer geworden. Unternehmensnachrichten werden nicht mehr allein in Wort und Bild über Journalisten an die Rezipienten herangetragen. Crossmediales Denken wird in Zukunft noch wichtiger werden. Das geschriebene Wort allein reicht einfach nicht mehr aus. Das ist eine Herausforderung für die PR-Verantwortlichen in den Unternehmen und für die Agenturen. In sehr vielen Fällen wird es notwendig sein, Expertennetzwerke zu bilden, die die unterschiedlichen Aufgabenstellungen optimal und kostengünstig abdecken können.

Wenn die Medienarbeit über die klassischen Mittler läuft, dann sind vielfältigere Zugangskanäle und multimediale Vermittlungsformen notwendig. Die „YouTube Generation" will anders angesprochen werden als die lange Zeit im Fokus der Medienarbeit stehenden Leser von Tageszeitungen und Wirtschaftsmagazinen. Dazu kommt, dass durch die Möglichkeiten der Online-Kommunikation zunehmend auch der direkte Weg zu den Dialoggruppen der Unternehmen gewählt wird. Es wird gebloggt, getwittert oder in sozialen Foren diskutiert. Was für Ihr Unternehmen dabei der richtige Ansatz ist, hängt von vielen Faktoren ab. Von den anzusprechenden Personen, den Themen und Inhalten, der Möglichkeit der Visualisierung, der Kreativität, der zur Verfügung stehenden Zeit und natürlich dem Budget. Nicht alles, was machbar ist, ist in den Unternehmen auch umsetzbar. Aufgabenstellung des Kommunikationsmanagements ist es aber in jedem Fall, sich mit den Herausforderungen der neuen Medienarbeit auseinanderzusetzen.

Neue Anforderungen kommen auch auf das Management zu, das sich dem Dialog stellen, vor der Kamera eine gute Figur machen und sich noch mehr als bisher der Gesamtverantwortung für den Reputationsaufbau bewusst werden muss.

Die Herausforderung der Gegenwart und nahen Zukunft ist es, sich mit neuen Formen der Informationsweitergabe auseinanderzusetzen. Verweigern geht nicht. Auch für das Internet gilt Paul Watzlawiks pragmatisches Axiom: „Man kann nicht nicht kommunizieren, denn jede Kommunikation (nicht nur mit Worten) ist Verhalten und genauso wie man sich nicht nicht verhalten kann, kann man nicht nicht kommunizieren.“[167] Wenn ein Unternehmen die neuen Kommunikationsinstrumente nicht einsetzt, dann ist das nicht nur eine vergebene Chance, sondern sagt auch sehr viel über die Offenheit und Bereitschaft zum Dialog mit seinen Stakeholdern aus und ist nicht zuletzt eine Demaskierung des Managementstils.

Welche Dialoggruppe kann ich mit welcher Kommunikationsmaßnahme erreichen? Dies ist die entscheidende Frage, die jedes Unternehmen sich stellen muss.[168] Wenn die Zahl der Möglichkeiten steigt, dann ist es umso bedeutender, konzeptiv vorzugehen, um die richtige Auswahl zu treffen. Entscheidungen sind dringend notwendig, denn auch in Zukunft wird nicht jedes Unternehmen alle Möglichkeiten ausschöpfen können. Dazu fehlen in der Regel die nötigen Budgetmittel. Es gilt also, die richtigen Multiplikatoren auszusuchen. Das können die klassischen Massenmedien sein, müssen es aber nicht. Wer kommunizieren will, muss das dort machen, wo seine Dialoggruppen sind.

Wenn die Entscheidung auf einen der neuen Online-Kanäle fällt, können diese nicht auf die gleiche Weise bespielt werden, wie die „Holzmedien", um das böse Wort noch einmal aufzugreifen. Die Themen müssen multimedial aufbereitet werden, die Vielfalt der Möglichkeiten habe ich auf den vorangegangenen Seiten ausführlich dargelegt.

Über die neuen Publikationsmedien lassen sich Informationen direkt und unmittelbar im Internet kommunizieren und auf diese Weise gezielter steuern. Über Presseportale und Social News Communities werden Pressemitteilungen direkt im Internet veröffentlicht und damit vielen recherchierenden Konsumenten zugänglich gemacht, die sich vielleicht gerade über die von Ihnen angebotenen Waren oder Dienstleistungen informieren wollen. Artikelportale und Expertenforen bieten Platz für Fachartikel, Vorträge und Präsentationen. Corporate Blogs geben

---

167 http://www.uni-bielefeld.de/paedagogik/Seminare/moeller02/06watzlawick1/
168 Zur Entwicklungsmethodik strategischer Kommunikation siehe Immerschitt (2009), S. 57-113.

Unternehmensinformationen und News eine persönliche Note. RSS-Verzeichnisse und Twitter bieten die Möglichkeit, Neuigkeiten, Pressemitteilungen oder Fachartikel in Form von Kurznachrichten zu teasern und mit den PR-Texten auf der Unternehmenswebsite zu verknüpfen.

Eine zentrale Aufgabe der PR-Verantwortlichen ist es, qualifizierte Inhalte für die verschiedenen Medien zu entwickeln, zu publizieren und bei den Zielgruppen entsprechend zu bewerben. Nullachtfünfzehn geht heute gar nicht mehr. Jeder Kanal will ganz individuell bespielt werden. Das verlangt nach intensiver Auseinandersetzung und fordert Zeit und Engagement. Immer individuellere Stories werden verlangt. Jedes Medium hätte am liebsten eine Exklusivgeschichte. Das ist einerseits verständlich, andererseits wird dadurch der Aufwand für die Unternehmen (und deren PR-Agentur) multipliziert, wenn nicht gar potenziert.

Ein ganz neues Phänomen unserer Zeit in der Medienarbeit ist, dass Kontakt mit immer mehr Publizierenden gehalten werden muss. Wenn Sie einen etwas umfangreicheren Medienverteiler zu warten haben, wissen Sie, wie schwierig es schon ist, diesen à jour zu halten. Um wie viel komplizierter ist es da, wenn auch noch eine Vielzahl an „Ich-Verlegern" auf dem Radar sein muss, die bisweilen ein Millionenpublikum erreichen können, wenn ihr Anliegen für viele Menschen interessant sein oder es gelingen soll, ein aufmerksamkeitsstarkes Video zu posten.

Wie die Individualisierung Zeit und Geld kostet, so verlangt auch die Verschränkung der Medien miteinander mehr Aufwand von den Unternehmen. Wenn Sie Ihre Botschaft multimedial verbreiten möchten, müssen Sie Podcasts und Videocasts ebenso anbieten wie gut geschriebene Medieninformationen, Profifotos und Experteninformationen. Die Rezipienten stellen sich ihr ganz eigenes Interessenprofil zusammen. Und zwar nicht nur die Konsumenten, also Ihre Kunden beispielsweise, sondern auch die Journalisten. RSS macht es heute schon möglich und in Zukunft wird sich jeder seine eigene Playlist von Themen zusammenstellen, die interessant sind. Wer hier der Anbieter ist, der gesehen, gehört oder gelesen wird, hängt davon ab, wer am treffsichersten die Interessen des Angesprochenen zufriedenstellt und wer von den Suchmaschinen gefunden wird. Der „richtige" Kanal kann ein herkömmliches Medium sein, muss es aber nicht. Wenn ich mich besonders für Eventsportarten interessiere, dann kann auch ein Veranstalter selbst die besten Infos liefern. Wie das geht, zeigt Red Bull am besten.

Die Medienarbeit des Jahres 2010 ist viel mehr auf den Dialog ausgelegt als noch vor wenigen Jahren. Das bedeutet aber, dass die alte Form der Informationsvermittlung („Top-down") nur noch höchst holprig funktioniert. Zweiwegkommunikation, wie wir sie heute viel stärker wahrnehmen als früher, erfordert vor allem zweierlei: Zuhören und Mitlesen, was über Ihr Unternehmen publiziert wird. „Nicht das Clipping ist der Endpunkt von PR-Maßnahmen, sondern die Reaktion darauf. Agenturen und Unternehmen werden lernen müssen, zuzuhören, statt nur zu senden."[169]

Mindestanforderung ist, dass Sie ein Google Alert einrichten, der zu definierten Suchbegriffen Neueinträge im Internet per E-Mail mitteilt, dass Sie die wichtigsten Blogs und Bewertungsseiten beobachten. Werkzeuge dafür wurden geschaffen. Dieses Tool hat zwar einige Austastlücken (insbesondere, was die Webseiten der Printmedien betrifft), aber ohne diese Beobachtung der Meinungsäußerungen im Internet geht es heute genau so wenig wie ohne das klassische „Clipping".

Am anderen Ende der „Zuhörskala" steht die Suchmaschinenoptimierung. Nur wenn Ihr Unternehmen mit den zentralen Aussagen und Angeboten gefunden wird, haben Sie eine reelle Chance, wahrgenommen zu werden. Dabei führt kein Weg mehr an Google vorbei. Fast jede Suche nach Produkten und Unternehmensinformationen startet hier. Das gilt im Übrigen auch für die große Mehrzahl der Journalisten. Wenn Sie gefunden werden möchten, müssen Sie im täglichen Wettkampf um die besten Plätze mitmachen. Für eine gute Position bei Google sind Inhalte (Content) zu bestimmten Suchworten (Keywords) sowie die Verlinkung von anderen Websites auf die eigene Website (Backlinks) entscheidend.

In der Wirtschaftskrise wurde die Unternehmenskommunikation sehr genau unter die Lupe genommen und hinterfragt. Als Erste zu spüren bekommen haben das die Anzeigenabteilungen der Printmedien und des Fernsehens. Viele Spots und Inserate wurden storniert. In Zeiten des Umbruchs werden nun einmal alle „angestammten Besitztümer" auf ihre Berechtigung hinterfragt. Neue Kanäle wurden ausprobiert, vor allem solche, die sich mit niedrigen Budgets verwirklichen ließen. Möglichkeiten, Unternehmens- und Produktinformationen zu veröffentlichen, gibt es heute mehr denn je. Viele davon sind auch kostenlos zugänglich. Worauf es ankommt, sind Inhalte mit Mehrwerten und die mediengerechte Aufbereitung für Menschen und Maschinen. Wer es schafft, auf der neu gestalteten Klaviatur der Medienarbeit virtuos zu spielen, wird den Applaus der Öffentlichkeit und der wichtigsten Stakeholder ernten.

---

169 Schulz-Bruhdoel/Bechtel (2009), S. 201.

SCHLUSSWORT UND DANKSAGUNG

Ich habe in diesem Buch versucht, einen Leitfaden für die Medienarbeit auf einem kommunikativen Globus zu schreiben und diesen mit erfolgreichen Beispielen aus der Praxis anzureichern. Eine solche Beschreibung ist in einem sich sehr rasch wandelnden Umfeld immer nur eine Momentaufnahme. Was heute gedruckt wird, ist morgen schon ein Stück veraltet. Was bleibt, sind Anregungen, die zur individuellen Weiterentwicklung Ihrer ganz individuellen Kommunikationsarbeit in Ihrem Unternehmen eine Basis sein können. Kein Leitfaden kann für jede kommunikative Gemengelage eine Standardlösung anbieten. Schon gar nicht kann damit Kreativität und Reflexion über die eigene Arbeit ersetzt werden. Jeder Fall ist anders, weil jede Unternehmensbiografie verschieden ist, weil die Kommunikationsprobleme anders gelagert sind und somit auch die Handlungsstrategien, Ziele und Dialoggruppen völlig unterschiedlich sind. Genau das macht das Feld der Öffentlichkeitsarbeit so spannend. Das ist das Schöne an unserem Beruf: Jeder Tag, jede Aufgabe bringt neue Herausforderungen. Es gibt kein „prêt à porter", sondern nur „haute couture".

Medienarbeit muss sich in die Kommunikationspolitik des Unternehmens integrieren. Ein Unternehmen kann nur Profil gewinnen, wenn die Schnittmenge aus Unternehmenspolitik, Markenstrategie und CEO-Kommunikation groß ist. Das Modell der integrierten Kommunikation verlangt eine inhaltliche, formale und zeitliche Integration aller Instrumente auf inter- und intrainstrumenteller Ebene. Das heißt, alle kommunikationspolitischen Aktivitäten müssen miteinander vernetzt werden. Widersprüche bei den Aussagen, im Verhalten oder in der Einhaltung von Leistungsversprechen führen dazu, dass Lücken in der Wahrnehmung und der Glaubwürdigkeit und mithin auch der Loyalität entstehen. Diese Erkenntnis sollte immer berücksichtigt werden. Die geschilderten Veränderungen in der Medienlandschaft, in den Rezeptionsgewohnheiten und bei den technischen Möglichkeiten macht die Aufgabe der Öffentlichkeitsarbeit im Allgemeinen und der Medienarbeit im Besonderen nicht einfacher. Sie lohnt aber den Aufwand. Ich wünsche Ihnen bei der Umsetzung viel Erfolg und Freude bei der Realisierung Ihrer strategischen Kommunikations- und Medienarbeit.

Zum Gelingen eines Buches tragen immer sehr viele Menschen bei. In diesem Fall sind das meine intellektuellen Sparringspartner auf zwei Seiten: Einerseits unsere Agenturkunden, die sich dem Thema der Medienarbeit mit großem Engagement und Einsatz widmen. Sie stellen hohe Ansprüche, denen in einem sich wandelnden wirtschaftlichen und medialen Umfeld es immer wieder aufs Neue gerecht zu werden gilt. Wer mit hohen Ansprüchen konfrontiert wird, versteht auch, was der deutsche Bundeskanzler Konrad Adenauer einmal in unvergleichbarer Offenheit formuliert hat: „Mich kann niemand daran hindern, täglich gescheiter zu werden." Nicht minder fordernd sind aber auch die Journalistinnen und Journalisten. Wenn man – so wie ich – täglich mit Medienschaffenden in Wirtschaftsmagazinen, Fachmedien, Tageszeitungen, Fernseh- und Hörfunksendern und in jüngster Zeit auch Online-Plattformen im deutschsprachigen Raum aber auch international zu tun hat, muss sich die eigene Arbeit jeden Tag auf dem Prüfstand messen lassen. Das persönliche Gespräch mit Redakteurinnen und Redakteuren gehört zu den schönsten Seiten des Berufes eines Kommunikationsberaters. Ich möchte diese Gelegenheit nutzen und mich für die kollegiale und professionelle Zusammenarbeit bedanken. Den Leserinnen und Lesern möchte ich ein Credo mit auf den Weg geben: Bei aller Notwendigkeit, sich den modernen Kommunikationswegen zu öffnen, darf der persönliche Kontakt nie zu kurz kommen. Wer nicht weiß, für wen er arbeitet, kann auch nichts Gescheites produzieren. Und es redet sich nun einmal leichter, wenn das Vis-à-vis ein Gesicht hat und nicht nur eine E-Mail-Adresse.

Ich möchte mich bei Univ.-Prof. Dr. Benno Signitzer vom Fachbereich Kommunikationswissenschaft der Universität Salzburg bedanken, der mich als Lektor vor vielen Jahren in seine Abteilung geholt hat. Die Studentinnen und Studenten, die ich in den vergangenen gut 25 Jahren unterrichten durfte, gaben mir immer wieder in interessanten Diskussionen Anstöße zur Reflexion. Ganz nebenbei habe ich auf diesem Weg „live" miterlebt, wie sehr sich die Einstellung zur Medienarbeit in diesem Zeitraum gewandelt hat. Als „gelernter" Printmedienjournalist schmerzt es mich bisweilen etwas, wie wenig die jungen Menschen heute sich dem gedruckten Wort verbunden fühlen und wie gering die Lust am Schreiben oder gar Fabulieren geworden ist.

Mein Dank gilt meinen Kolleginnen und Kollegen in der Agentur Pleon Publico Salzburg, die das Manuskript kritisch gelesen und wichtige Anregungen gegeben haben. Besonders danke ich meiner Partnerin Mag. Ursula Wirth, deren kreativer Zugang zur Medienarbeit immer wieder hervorragende und preisgekrönte Konzepte hervorbringt.

Kein Buch kann entstehen, wenn es für den Autor nicht den Rückhalt im persönlichen Umfeld gibt. Ich danke deshalb ganz besonders meiner Frau und meinen drei Kindern, die Verständnis für meinen Drang haben, Gedanken zu Papier zu bringen. Das verschafft mir den geistigen Freiraum, mich an vielen Wochenenden und Abenden dem Literaturstudium und dem Schreiben zu widmen. Nicht zuletzt bedanke ich mich bei meiner Lektorin Manuela Eckstein vom Gabler-Verlag, die mit großer Sorgfalt das Manuskript für den Druck vorbereitet und durch kritische Anregungen schon von Beginn an behutsam lenkend eingegriffen hat.

▌ ABBILDUNGSVERZEICHNIS ▌

Abbildung 1	Mediadaten – Deutschland	18
Abbildung 2	Mediadaten – Österreich	19
Abbildung 3	Mediadaten – Schweiz	19
Abbildung 4	Mediadaten – gesamter deutschsprachiger Raum	19
Abbildung 5	Globus der Unternehmenskommunikation	33
Abbildung 6	Pressemappe	38
Abbildung 7	Medienmitteilung	44
Abbildung 8	Fotoindex	53
Abbildung 9	E-Mail-Maske	57
Abbildung 10	E-Mail-Maske	59
Abbildung 11	Exklusivveröffentlichung	62
Abbildung 12	Newsletter	66
Abbildung 13	Mediencorner	69
Abbildung 14	Podcast	78
Abbildung 15	Vodcast	81
Abbildung 16	Geschäftsbericht	88
Abbildung 17	Chronik	89
Abbildung 18	Wikipedia	93
Abbildung 19	Sitzordnung Pressekonferenz	97
Abbildung 20	Event: Weltmilchnacht	109
Abbildung 21	Event: Erstauslieferung A 380	110
Abbildung 22	Pressereise	114
Abbildung 23	Roadshow	118
Abbildung 24	Messeablauf	120
Abbildung 25	Pressemappe für die Messe	124
Abbildung 26	Social Media Press Release	131
Abbildung 27	Social Media Newsroom	133

Abbildung 28   Newsroom Wenzel _____ 135

Abbildung 29   Prozentuale Präsenz innerhalb der DAX-Unternehmen
in den verschiedenen sozialen Medien_____ 142

Abbildung 30   Akteure Social Media Community_____ 147

Abbildung 31   Facebook Fanseite _____ 154

Abbildung 32   Einsatz sozialer Medien in Unternehmen _____ 158

Abbildung 33   Flickr _____ 170

▮ LITERATURVERZEICHNIS ▮

Back, Andrea/Gronau, Norbert/Tochtermann, Klaus (Hrsg.): Web 2.0 in der Unternehmenspraxis. Grundlagen, Fallstudien und Trends zum Einsatz von Social Software. München 2008

Bartel, Rainer: Erfolgreiche Online-PR. Mehr Verkaufserfolg durch professionelle Öffentlichkeitsarbeit im Web. Düsseldorf 2009.

Bernet, Marcel: Medienarbeit im Netz. Von E-Mail bis Weblog: Mehr Erfolg mit Online-PR. Zürich 2006.

Bogner Franz M.: Das neue PR-Denken, Wien 1990.

Brunn, Stefan: Trash-PR und PR-Trash. Eine kleine Analyse ökologischer Schwachstellen von Pressemappen. In: PR-Forum 1998/2, S. 80-82.

Buchegger, Isabella/Signitzer, Benno: Inter.Net.Relations: Allgemeine und theoretische Aspekte. In: Thimm, Caja/Wehmeier, Stefan (Hrsg.): Organisationskommunikation online. Grundlagen, Praxis, Empirie. Frankfurt am Main 2008, S. 18. (Die zitierte Definition steht auf Seite 32.)

Bürger, Joachim: Wie sage ich's der Presse. Landsberg am Lech 1986.

Decken, Nikolaus von der: Hubert Burda Media: Eventkultur und ein starker medialer CEO – ein Gesprächsprotokoll. In: Wolfgang Immerschitt: Profil durch PR. Wiesbaden 2009, S. 156.

Deutscher Investor Relation Verband. Im Internet unter: www.dirk.org/IR-Studien. html; Studie Online-Geschäftsberichte 2007

Falkenberg, Viola: Pressemitteilungen schreiben. Frankfurt am Main 2008.

Feldmann, Valerie: Perspektiven mobiler Medienkommunikation in der Informationsgesellschaft, Berlin o.J. (2005).

Förster, Hans-Peter: Texten wie ein Profi: Ein Buch für Einsteiger und Könner. Mit über 5000 Wort-Ideen zum Nachschlagen! Frankfurt am Main, 9. Auflage 2007.

Franck, Georg: Ökonomie der Aufmerksamkeit. Ein Entwurf. München, Wien 2007.

Glatz-Deuretzbacher, Ines/Jezek, Paul Christian/Wasshuber, Sylvia: So kommt mein Unternehmen in die Medien. Professionelle PR für Firmengründer, KMU und Freiberufler. Heidelberg 2006.

Greilich, Mirjam: Das Kommunikationstool Twitter. Ein Leben in 140 Zeichen: http://www.ard.de/-/id=887380/11sgnoj/index.html.

Gross, Gerald: Wir kommunizieren uns zu Tode. Überleben im digitalen Dschungel. Wien 2008.

Hans-Bredow-Institut (Hrsg.): Medien von A bis Z. Wiesbaden 2006.

Haywood, Roger: Corporate reputation, the brand and the bottom line: powerful proven communication strategies for maximizing value, 3rd ed. London 2002.

Herck, Katrin van: Die Pressekonferenz – klassisch und/oder online?: ttp://koeln-bonn.business-on.de/online-pressekonferenz-interesse-unternehmen-journalisten-veranstaltungsort-_id21250.html.

Heupel, Julia: Der Leserbrief in der deutschen Presse. München 2007.

Höflich, Joachim R./Gebhardt, Julian (Hrsg.): Mobile Kommunikation. Perspektiven und Forschungsfelder. Berlin 2005.

Hülsbömer, Simon: Unternehmen entdecken das Microblogging. In: http://www.computerwoche.de/management/compliance-recht/1905061/.

Immerschitt, Wolfgang: Profil durch PR. Wiesbaden 2009.

Institut für angewandte Medienwissenschaft der Zürcher Hochschule Winterthur, insbesondere: http://www.zhaw.ch/fileadmin/user_upload/linguistik/_Institute_und_Zentren/IAM/pdfS/Forschung/Projekte/Studie_Internet_2005.pdf

Institut für Demoskopie Allensbach: Gesprächskultur 2.0. Wie die digitale Welt unser Kommunikationsverhalten verändert. Allensbach 2010.

Keel, Guido/Bernet, Marcel: IAM-Bernet-Studie Journalisten im Internet 2009. www.iam.zhaw.ch.

Keel, Guido/Bernet, Marcel: IAM-Bernet Studie Journalisten im Internet. Eine repräsentative Befragung von Schweizer Medienschaffenden zum beruflichen Umgang mit dem Internet: http://www.zhaw.ch/nc/de/, Juli 2009.

Klages, Wolfgang: Gefühle in Worte gießen. Die ungebrochene Macht der politischen Rede. Baden-Baden 2001.

Lommatzsch, Timo: Der Social Media Release. Eine neue Form der Online Veröffentlichung und Verbreitung von Nachrichten und Informationen: www.socialmediapreview.de/ebook-zum-social-media-release/.

Luhmann, Niklas: Die Realität der Massenmedien, Opladen 2006.

Marketz, Josef: Frohe Botschaft auf Facebook. In: Geld. Macht – Mammon – Mythos. Jahrbuch der Diözese Gurk 2010, S. 113.

Masek, Andrea: Facebook ist für Firmen profitabel: http://www.a-z.ch/news/vermischtes/facebook-ist-fuer-firmen-profitabel-4388258, erschienen in der Printausgabe des Schweizer „Sonntag".

Mehrabian, Albert: Silent Messages. Wadsworth, Belmont 1971.

ncm.at: Social Media Koordinator. Mit Blog, Facebook, Twitter & Co erfolgreich im Tourismus. Workshopunterlage 2009, S. 10.

Neuen, Daniel: Lieschen Müllers Megafon. In: PR-Magazin 10/2009, S. 34-37.

Neuen, Daniel: Digitaler Knoten. In: prmagazin 4/2010, S. 38-40.

Ogger, Günter: Nieten in Nadelstreifen. Manager im Zwielicht. München 9. Auflage 1995.

prmagazin 4/2010, S. 39.

Parpart, Nadja: Social Media: Dialog als Erfolgsfaktor für Unternehmen. München 2009 (Virtual Identity AG).

Pauli, Knut S.: Leitfaden für die Pressearbeit. Anregungen. Beispiele. Checklisten. München, 3. Aufl. 2004.

Reineke, Wolfgang/Eisele, Hans: Taschenbuch der Öffentlichkeitsarbeit. Heidelberg 1991.

Rota, Franco P.: PR- und Medienarbeit im Unternehmen. München 1990.

Röttger, Ulrike/Preusse, Joachim/Schmitt, Jana: Anforderungen und Ansprüche von Fachjournalisten an Onlinepressebereiche. In: prmagazin 1/2009, S. 62.

Sauer, Manfred: 99 Tipps für wirksame Medienpräsenz. Berlin 2006.

Schaffert, Sandra/Wieden-Bischof, Diana: Erfolgreicher Aufbau von Online-Communitys. Konzepte, Szenarien und Handlungsempfehlungen. Salzburg 2009 (Reihe Social Media, Band 1 des Salzburg NewMediaLab).

Schulz-Bruhdoel, Norbert/Bechtel, Michael: Medienarbeit 2.0. Cross-Media-Lösungen. Das Praxisbuch für PR und Journalismus von morgen. Frankfurt am Main 2009.

Schulz-Bruhdoel, Norbert/Fürsten, Katja: Die PR- und Pressefibel. Frankfurt 4. überarbeitete Auflage 2008.

Scott David Meerman: The New Rules of Marketing and PR. How to Use News Releases, Blogs, Podcasting, Viral Marketing & Online Media to Reach Buyers Directly. Hoboken 2007.

Thimm, Caja/David, Jasmin-Dominique: Internet-Presseportale. Eine Benchmarking-Analyse. In: Caja Thimm/Stefan Wehmeier (Hrsg.): Organisationskommunkation online. Grundlagen, Praxis, Empirie. Frankfurt am Main 2008, S. 147ff.

Watson, Alan Lord of Richmond: Die Rolle führender Unternehmensrepräsentanten in der Kommunikationslandschaft des 21. Jahrhunderts. In: Bodo Kirf/Lothar Rolks (Hrsg.): Der Stakeholder-Kompass. Frankfurt am Main 2002, S. 56.

Windahl, Sven/Signitzer, Benno/Olson, Jean T.: Using Communication Theory. An Introduction to Planned Communication. London, Newbury Park, New Dehli 1993, S. 90 beziehen sich hier auf Dewey, Grunig und Hunt (1984).

Zerfaß, Ansgar/Mahnke, Martin: Von Print zu Video? Bewegtbild im Internet als Herausforderung für die Unternehmenskommunikation. In: prmagazin 1/2009.

▌ DER AUTOR ▐

Wolfgang Immerschitt (Jahrgang 1954) ist seit 1999 geschäftsführender Gesellschafter von PLEON Publico Salzburg. PLEON Publico (www.pleon-publico.at) ist die führende österreichische PR-Agentur. Die Ketchum PLEON-Gruppe (www.ketchum.com) verfügt über ein weltweites Agenturnetzwerk.

Wolfgang Immerschitt studierte nach dem Abitur Politikwissenschaft, Publizistik sowie Spanisch an der Paris Lodron Universität Salzburg und promovierte 1981 mit Auszeichnung (Dissertation über die Wirtschafts- und Währungspolitik der Europäischen Gemeinschaft). Während des Studiums arbeitete er als Assistent am Senatsinstitut für Politikwissenschaften, danach war er neun Jahre journalistisch tätig bei der Wochenzeitung „Salzburger Wirtschaft" und als Korrespondent der Wiener Tageszeitung „Die Presse". 1991 wurde er zum Leiter der Stabsabteilung für Öffentlichkeitsarbeit des Raiffeisenverbandes Salzburg und wenig später auch der Marketingabteilung berufen. In dieser Zeit war Wolfgang Immerschitt Mitglied des Fachgremiums Marketing der Raiffeisen Bankengruppe Österreich und des Vorstandes der Zentralen Raiffeisenwerbung in Wien.

Seit 30 Jahren ist Wolfgang Immerschitt als Universitätslektor tätig – zunächst für internationale Wirtschaftsbeziehungen und später für Öffentlichkeitsarbeit am Fachbereich Kommunikationswissenschaft der Universität Salzburg. Er ist zudem Autor des Buches „Profil durch PR", erschienen 2009 im Gabler-Verlag.

Kontakt:

w.immerschitt@pleon-publico-sbg.at

Marketing für erfolgreiche Unternehmen

↗

Die Erfolgsformel - was Marketer wirklich nach oben bringt

Was macht einen Marketingmanager wirklich erfolgreich? Wieso haben CMOs durchschnittlich eine weniger als halb so lange Verweildauer im Unternehmer wie CEOs? Was heißt überhaupt Erfolg und wie erzielt man ihn? Welche fachlichen und persönlichen Erfolgsfaktoren muss man auf dem Weg nach oben entwickeln und wie positioniert man sich idealtypisch im Unternehmen? Auf diese und mehr Fragen finden Marketingmanager im Buch eine Antwort.

Michael M. Meier /
Christine Wichert
Die Erfolgsgeheimnisse des Marketingmanagers
Die ungeschriebenen Gesetze
auf dem Weg zum CMO
2010. 237 S. mit 56 Abb.
Geb. EUR 39,95
ISBN 978-3-8349-1484-2

Praxis-Know-how für die erfolgreiche Markendifferenzierung

Dieses Buch zeigt die Arten, Möglichkeiten und Wege der Markendifferenzierung sowohl aus strategischer als auch aus praktischer Sicht und liefert Antworten auf die beiden elementaren Fragen: „Wie entstehen Differenzierungsmerkmale" und „Welche sind die entscheidenden Erfolgsfaktoren für eine nachhaltige Markendifferenzierung in der Kommunikation"? Der Nutzen dieses Buches liegt in der Kombination der wissenschaftlichen Behandlung der Markendifferenzierung mit den praktischen Fallbeispielen, ergänzt um hochaktuelle Hintergründe und Meinungen ausgewählter Experten.

Ulrich Görg (Hrsg.)
Erfolgreiche Markendifferenzierung
Strategie und Praxis professioneller
Markenprofilierung
2010. 400 S. mit 100 Abb.
Geb. EUR 59,95
ISBN 978-3-8349-1722-5

Warum Strom eine Marke braucht

Die Autoren plädieren dafür, Markenführung als grundlegende Führungsfunktion zu verstehen. Sie stellen das Markenmanagement der Strommarken EnBW und Yello der Markenführung von Audi als Premiummarke im Automobilmarkt gegenüber. Der Leser erhält vielfältige Einsichten in die strategische Planung und operative Umsetzung der Markenführung dreier erfolgreicher Unternehmen.

Detlef Schmidt / Peter Vest
Die Energie der Marke
Ein konsequentes und pragmatisches Markenführungskonzept
2010. 259 S.
Geb. EUR 45,95
ISBN 978-3-8349-1479-8

Änderungen vorbehalten. Stand: Februar 2010.
Erhältlich im Buchhandel oder beim Verlag

Gabler Verlag . Abraham-Lincoln-Str. 46 . 65189 Wiesbaden . www.gabler.de

GABLER

Professionelle PR
↗

Kompakt, anschaulich, praxisnah -
Beispiele kommunikativer Krisen

Wie entsteht eigentlich eine PR-Krise? Was muss passieren - oder unterlassen werden -, bis es zum „PR-GAU" kommt? Die Autorin untersucht zahlreiche Störfälle aus der jüngeren, insbesondere deutschen Vergangenheit, zeigt typische Muster und Gemeinsamkeiten, aber auch Besonderheiten der einzelnen Beispiele auf. Der Leser erfährt dabei auf unterhaltsame wie lehrreiche Weise, welche kommunikativen Stolpersteine es gibt - und wie er diese umgehen kann. Und wenn es zu spät sein sollte: Hinter jeder Krise steht die Chance für eine verbesserte Kommunikation.

Daniela Puttenat

Praxishandbuch Krisen-kommunikation

Von Ackermann bis Zumwinkel: PR-Störfälle und ihre Lektionen
2009. 181 S.
Br. EUR 38,00
ISBN 978-3-8349-1053-0

Das erste Buch zum Thema
Litigation-PR

In den Medien findet die Berichterstattung über Unternehmen und Unternehmer, die in juristische Auseinandersetzungen verwickelt sind, zunehmend breiteren Raum. Mannesmann, Siemens, Telekom und die Deutsche Bank sind nur einige prominente Namen. Wegen des Medieninteresses wird bei juristischen Auseinandersetzungen im anglo-amerikanischen Raum schon lange ein wirkungsvolles Tool eingesetzt: Litigation-PR.

Stephan Holzinger / Uwe Wolff
Im Namen der Öffentlichkeit

Litigation-PR als strategisches Instrument bei juristischen Auseinandersetzungen
2009. 259 S.
Br. EUR 44,90
ISBN 978-3-8349-0839-1

Durch effiziente Öffentlichkeitsarbeit mehr Bekanntheit und mehr Mandanten

Das Buch versteht sich als Leitfaden für junge und erfahrene Anwälte. Das Buch ist in einem bewusst unterhaltenden Ton geschrieben, bietet Einschübe, Interviews mit Experten, Praxistipps, Schautafeln und Checklisten.

Uwe Wolff
Medienarbeit für Rechtsanwälte

Ein Handbuch für effektive Kanzlei-PR
2010. 184 S. Br. EUR 34,95
ISBN 978-3-8349-1460-6

Änderungen vorbehalten. Stand: Februar 2010.
Erhältlich im Buchhandel oder beim Verlag

Gabler Verlag . Abraham-Lincoln-Str. 46 . 65189 Wiesbaden . www.gabler.de

GABLER